KB207332

기생충 탐정이 된 과학자들

세상을 위협하는
감염병 미스터리를 밝혀라

기생충 탐정이 된 과학자들

게일 재로 지음
조윤진 옮김

다른

흡혈 살인마 기생충

하루하루, 한 번에 한 방울씩, 흡혈귀는
순진한 피해자의 혈액을 게걸스레 빨아
먹는다. 처음에는 거의 아픈 곳이 없다.
하지만 얼마 지나지 않아 숙주는 쇠약해진다.
그러다 결국 공허한 눈빛으로 발만 질질 끌고
다니게 되며, 거의 죽은 사람처럼 보인다.
그들이 사는 곳은 흙을 퍼먹는 끔찍한
아이들이 가득한 곳으로 변한다.

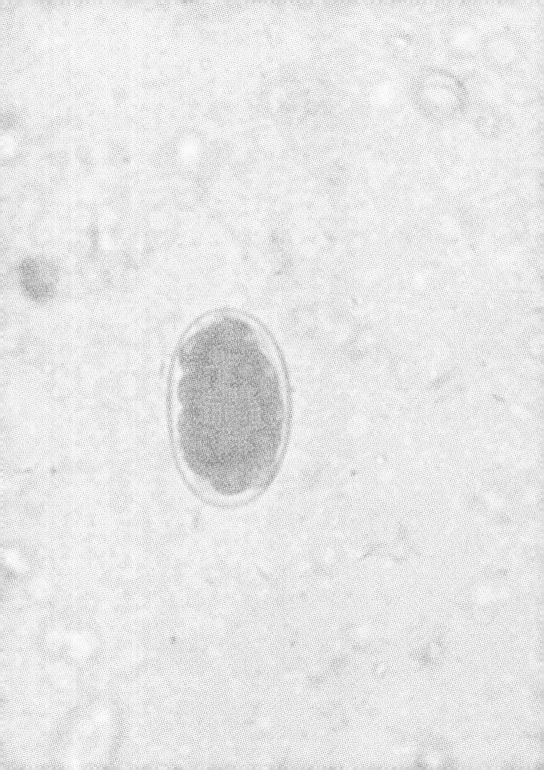

1장
인간을 좀비처럼 만드는 흡혈귀

> " 이 질병은 주로
> '가난한 자'를 노린다. "
>
> – 찰스 스타일스, 기생충학자

1908년 11월 어느 이른 아침, 미국 남부의 한 철도역에 도착한 열차가 승객들을 태우기 위해 속도를 늦췄다. 그 순간 창밖을 내다보던 여행객의 눈에 괴이한 모습이 보였다. 시체처럼 하얗게 질린 얼굴로 몸을 잔뜩 구부린 채 열차 승강장에 서 있는 사람이었다.

"헉, 저 사람 대체 왜 저럽니까?"

그 여행객이 일행 두 사람에게 물었다. 젊은 남자가 무엇 때문에 저토록 기력을 잃고 쇠약해졌는지 영문을 알 수 없었다.

그러자 남부 출신이었던 일행 중 한 사람이 설명했다.

"저 젊은이는 아마 이 지역 소작농일 겁니다."

여행객은 충격에 휩싸였다. 그는 미국 중서부 지역 농부들의 건장한 모습에만 익숙했기 때문이다.

"남부의 농부들이 대체로 저렇다면 남부는 정말 불운한 곳이군요."

나머지 한 일행은 과학자였다. 사실 그는 승강장에 서 있는 남자와 비슷한 사람을 많이 봐왔다. 그리고 수년간 그런 사람들을 연구했고, 그 남자의 문제가 무엇인지 정확히 알고 있었다. 과학자가 여행객에게 알려 주었다.

"저게 바로 '미국의 흡혈 살인자'에게 당한 피해자의 모습입니다."

그 흡혈귀는 남부의 온화한 기후에서 기승을 부렸다. 농촌의 집, 학교, 교회 밖의 흙 속에 숨어서 숙주가 될 인간의 눈에 띄지 않게 모습을 감추고, 누군가 지나가기만을 기다렸다. 들키지 않고 인간에게 올라탄 흡혈귀는 피부를 뚫고 속으로 파고들어서 몸을 교란한 뒤 그 안에 자리를 잡았다. 그리고 인간 숙주의 내장 깊숙한 곳에 수년이고 숨어서 날카로운 송곳니 모양의 입 구조물을 이용해 꼼짝 않고 머물렀다.

하루하루, 한 번에 한 방울씩, 흡혈귀는 순진한 피해자의 혈액을 게걸스레 빨아 먹었다. 처음에는 거의 아픈 곳이 없었

기생충에 감염된 농부

미국 켄터키주에 사는 이 농부는 겨우 서른다섯 살이지만,
훨씬 더 나이 들어 보인다. 너무 쇠약해져 일을 할 수 없어
자선 단체에 의존해 목숨을 부지했다. 나머지 가족 열한 명도 그를 감염시킨
바로 그 생물, '미국의 흡혈 살인자'에게 목숨을 잃었다.

다. 하지만 침입자인 흡혈귀의 수가 늘어나면서 피해자의 신체는 그 조그만 생물 수백 마리, 어떨 때는 수천 마리의 활동 구역이 되고 말았다.

얼마 지나지 않아 매일 빼앗기는 피의 양이 늘어나서 숙주는 쇠약하고 병이 들었다. 그러다 결국 승강장의 그 남자처럼 공허한 눈빛으로 발만 질질 끌고 다니는, 둔하고 허약한 상태로 변했다.

이렇듯 지금껏 이 과학자는 '미국의 흡혈 살인자'에 관한 많은 비밀을 알아냈다. 그 흡혈귀가 인간의 신체를 어떻게 공격하는지, 인간에게 어떤 피해를 주는지도 알아냈다. 그는 흡혈귀를 막을 수 있다고, 아니 막아야만 한다고 믿었다. 남성, 여성 그리고 아이들까지 수백만 명의 생명과 기력을 천천히 갉아먹는 이 '기생충'을 말이다. 그는 대부분의 미국인은 존재조차 모르는 이 의학 재난을 반드시 끝내겠다고 결심했다.

그의 이름은 찰스 스타일스였다.

2장
벌레에 매혹된 과학자

> ❝ 조그만 벌레가 최근 들어
> 악명을 떨치고 있다. ❞
>
> – E. 뷔농, 의사

스타일스의 아버지와 할아버지는 스타일스가 성직자가 되기를 바랐다. 두 사람 모두 감리교의 헌신적인 설교자로서 연단에 서왔기에 스타일스도 자연스레 그렇게 될 것 같았다. 하지만 스타일스의 생각은 달랐다. 그는 종교가 아닌 동물에 푹 빠졌다.

스타일스는 1867년 5월 15일, 뉴욕시 북쪽의 자그마한 마을인 스프링밸리에서 태어났다. 주변에 있는 풀숲 지대를 탐험하며 어린 시절을 보냈는데, 그곳을 돌아다니며 자신의 침실에 마련한 자연사 박물관을 꾸밀 표본을 모았다. 스타일스는 벌레, 나비, 죽은 생물, 살아 있는 생물을 다양하게 채집했다. 동물의 몸 안은 어떨까 궁금했던 스타일스는 개구리와 지렁이를 해부했다.

그러던 어느 날 공터에서 죽은 고양이를 발견한 스타일스는 고양이 뼈를 자신의 자연사 박물관 수집품에 추가하기로 마음먹었다. 먼저 고양이의 털, 살 그리고 장기를 제거했다. 다음으로 고양이의 뼈에 붙은 근육을 떼려면 남은 부분은 끓여야 한다는 사실을 깨달았다. 집에는 자신의 계획을 막을 사람이 아무도 없었으므로 어머니가 쓰는 커다란 냄비에 물을 받아 화로 위에 올리고 고양이의 잔해를 던져 넣었다. 물이 천천히 끓기 시작했고 스타일스는 친구와 놀러 밖으로 나갔다. 그러고는 부엌에서 악취가 퍼지며 연기가 나는 걸 보고서야 화로 위에 냄비를 올려놓았다는 사실을 떠올렸다.

침실의 자연사 박물관에 새로운 수집품을 추가하겠다는 바람은 물거품이 되었다. 냄비 안의 물은 모두 증발하고, 고양이 뼈는 악취를 풍기는 쓰레기가 되고 말았다.

성직자 집안에서 자란 스타일스에게는 지켜야 할 규칙들이 있었다. 일요일은 반드시 종교 활동을 하며 보내야 했다. 예배가 끝나면 성가를 부르거나 묘지를 걸으며 일주일 동안의 잘못을 되짚어 보거나 성경을 읽어야 했다. 어쨌든 하나를 골라야 했던 스타일스는 성경 읽기를 택했다.

그 시간을 덜 지루하게 보내기 위해서 스타일스는 성경 읽기를 어려운 과제로 만들었다. 학교에서 배운 실력을 발휘해 프랑스어 성경을 읽으면서 영어로 번역한 것이다. 스타일스는 어려운 과제에 도전하는 걸 즐겼기 때문에 일요일 오후를 독일어·라틴어·이탈리아어·그리스어 성경을 번역하는 시간으로 만들었다. 당시에는 미처 예상하지 못했지만, 언어에 대한 그의 해박한 지식은 나중에 유용하게 쓰였다.

스타일스는 고등학교에 입학하기 직전에 부모님, 누나와 함께 코네티컷주 하트퍼드로 이사를 갔다. 학교 성적이 좋았고 특히 언어 과목에 탁월했지만, 정작 스타일스가 관심 있던 것은 공부가 아니라 야구, 풋볼 그리고 장난치기였다.

학교를 안 가는 날이면 스타일스는 즐거운 마음으로 마을 외과 의사의 진료실에서 일을 도왔다. 의학이 스타일스의 마음에 들어왔고, 의사는 스타일스에게 고등학교를 마치면 곧장 의과 대학에 들어가라고 제안했다. 19세기에는 의사가 되려면 주로 이런 길을 밟았다.

하지만 막상 대학에 갈 때가 되자 스타일스는 웨슬리언 대학교에 가길 바라는 아버지의 뜻을 존중했다. 웨슬리언 대학교는 코네티컷주 미들타운 근처에 있는 감리교파 신학 대학으로 아버지가 공부했던 곳이었다. 스타일스는 웨슬리언 대학교에 가는 것에는 동의했지만, 성직자가 되고 싶은 마음은 없었다. 여전히 과학이 더 좋았다.

스타일스의 대학 생활은 2학년 중반까지밖에 이어지지 못했다. 평소 극심한 두통에 시달렸는데, 흐릿한 조명 아래에서 책을 읽다 보니 눈이 피로해져서 그런 것이라 생각했고, 결국 증상이 심해져 집으로 돌아가야 했다. 안경을 쓰자 두통은 사라졌지만, 예상치 못하게 웨슬리언 대학교에서 몇 주 떨어져 지내게 된 이후 스타일스는 한 가지 결심을 하게 된다. 생물학을 공부하고 싶다면 웨슬리언 대학교가 아닌 다른 곳에서 배워야겠다고 생각한 것이다.

세계 최고의 과학자들이 독일과 프랑스의 대학교에서 학생들을 가르쳤다. 스타일스는 유럽이 생물 및 의학 분야에서 더 높은 수준의 교육을 할 것이라고 아버지를 설득했다. 열아홉 살의 스타일스는 결국 그해 겨울 유럽으로 가는 배에 올랐다.

스타일스는 뛰어난 언어 능력 덕분에 프랑스와 독일의 여

스물여섯 살의 찰스 스타일스

어릴 적에 동물을 좋아했던 찰스 스타일스는 신학을 공부하다 관두고
생물학을 배우기 위해 유럽으로 건너 갔다.
그리고 기생충학에 빠져들어 박사 학위를 받아 미국으로 돌아왔다.

러 대학에서 수월하게 강의를 들을 수 있었다. 그리고 몇 달 만에 베를린 대학교에 입학해 그곳에서 2년간 공부했다.

동물학·식물학·물리학·화학·해부학 강의를 수강한 스타일스는 인간이 아닌 동물에 집중하기로 결심했다. 그중에서도 다른 동물의 몸 안에 살며 숙주에게 해를 입히는 기생충에 흥미를 느꼈다. 기생충을 연구하는 학문인 기생충학은 당시 동물학에서 새롭게 등장한 분야였다. 스타일스는 세계적인 기생충학 전문가들에게 교육을 받기 위해 베를린 대학교를 떠나 다시 라이프치히 대학교로 향했다.

갈고리가 달린 기묘한 벌레

두비니구충*Ancylostoma duodenale*은 스타일스가 연구했던 기생충 중 하나였다. 이름에서 보다시피 구충이라는 과(생물 분류학적 단위)에 속한다. 구충은 갈고리 구(鉤) 자에 벌레 충(蟲) 자를 더해 만든 단어로, 뜻 그대로 '꼬리 끝에 갈고리 같은 구조가 있는 벌레'라서 붙여진 이름이다. 이 갈고리는 수컷의 생식 기관 중 일부다.

스타일스는 기생충 분야의 권위자였던 자신의 교수님에게 두비니구충이 발견된 지 50여 년밖에 지나지 않았다는 사실을 들었다. 두비니구충을 발견한 사람은 이탈리아의 과학자 안젤로 두비니였다.

1838년 두비니 박사는 어느 질병의 원인을 알아내기 위해 소작농이었던 여성의 시체를 해부했다. 그러다가 8밀리미터 정도 되는 조그맣고 하얀 벌레를 발견했는데, 그 벌레는 여성의 소장 점막에 주둥이를 붙이고 있었다. 현미경으로 들여다보자, 두비니 박사는 그 벌레가 지금까지 인간의 장기에 기생한다고 알려진 벌레들과는 전혀 다르다는 것을 알게 되었다.

4년이 지나 또 다른 시체를 해부하던 두비니 박사는 같은 종류의 벌레를 다시 발견했다. 이번에는 성능이 좋은 현미경을 활용해서 벌레를 더 자세히 관찰할 수 있었다. 벌레의 입안에는 두비니 박사가 "구부러진 갈고리"라고 표현했던 치아 같은 구조물이 네 개 달려 있었다.

이 새로운 벌레에 경각심을 느낀 두비니 박사는 다른 시체에서도 계속 같은 벌레를 찾아냈고, 때로 그 수가 많을 때도 있었다. 결국 해부했던 인간 시체 100구 중 20구에서 똑같은 벌레를 발견했다. 드물게 발견되는 편은 아니었지만, 못 보고 놓치기가 쉬웠다. 장을 갈라서 점막을 자세히 관찰해야만 보였기 때문이다.

두비니 박사는 기생충이 질병을 일으킬 수 있다는 사실을 이미 알고 있었다. 일반적으로 기생충은 숙주의 영양소를 빼앗는다. 하지만 박사가 해부했던 감염자들은 다양한 병으로 목숨을 잃었다. 공통된 증상이 하나 있다면 삐쩍 말랐다는 점이다. 많은 환자가 죽기 직전 그런 상태가 되었다.

이윽고 1843년 두비니 박사는 이 기생충의 모습과 특성, 인간을 비롯한 동물에게 기생하는 다른 기생충과의 차이점에 대해 자세하게 설명하는 글을 발표했다. 그리고 이 기생충에게 '두비니구충'이라는 이름을 붙였다(두비니구충의 학명 *Ancy-*

Looss, Ankylostoma

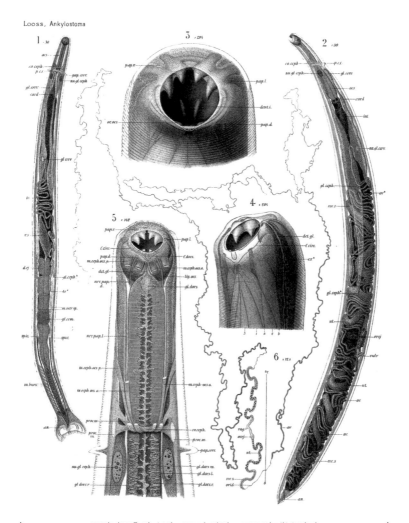

두비니구충의 수컷(왼쪽)과 암컷(오른쪽)의 내부 장기

수컷 꼬리에 달린 갈고리 같은 구조물은 생식 기관의 일부다.

가운데의 세 그림은 구충의 머리와 치아를 자세히 보여 준다.

구충의 길이는 8~13밀리미터에 이르며 수컷이 암컷보다 약간 작다.

*lostoma duodenale*에서 *Ancylostoma*는 그리스어로 '갈고리 입'이라는 뜻이다. *duodenale*은 라틴어에서 유래한 말로 '십이지장에 있는'을 뜻하는데, 두비니 박사가 시체를 해부할 때 십이지장에서 이 기생충을 가장 많이 발견했기 때문이다).

수수께끼 침입자

두비니 박사가 두비니구충을 처음 발견한 이후로 이집트와 브라질의 과학자들 역시 자신이 해부한 시체의 장에서 두비니구충을 보았다고 보고했다. 하지만 그 벌레가 특정한 질병과 연관이 있다는 증거는 누구도 제시하지 못했다.

처음으로 단서를 찾은 건 독일의 의사였던 빌헬름 그리징어 박사였다. 이집트 카이로에서 병원을 운영하던 그리징어는 '이집트 위황병'이라고 불리던 심각한 빈혈 사례를 자주 접했다. 이 질병은 이집트에서 오래전부터 알려져 있었다. 병에 걸리면 기력이 너무 쇠해서 일을 할 수 없고, 피부는 부자연스러울 정도로 창백하거나 누렇게 변했다. 그리징어는 자신의 경험을 바탕으로 이집트 인구의 최소 25퍼센트가 이 질병 때문에 고통받고 있다고 추정했다.

1852년 그리징어는 위황병에 걸려 설사를 하다가 죽었다는 스물한 살 청년을 해부했다. 청년의 소장을 가르자 안쪽이 붉은 피로 가득 차 있었고, 두비니구충 수천 마리가 거머리처럼 점막에 달라붙어 있었다.

그리징어는 청년이 피를 너무 많이 흘려 목숨을 잃은 것으로 결론지었다. 그리고 1854년 한 의학 학술지에 위황병은 인간의 장에 사는 기생충에 따른 것일 수 있다고 발표했다. 나중에 다른 박사들이 빈혈로 죽은 환자들의 시체 안에서 구충을 발견하며 그리징어의 가설은 사실로 확인되었다.

위황병과 비슷한 질병은 여러 이름으로 알려져 있지만, 예로부터 많은 문헌에 묘사되어 있었다. 극심한 빈혈 증상 말고도 나무, 석탄, 분필이나 흙처럼 음식이 아닌 것을 먹는 기이한 증상인 이식증이 나타나기도 한다. 박사들은 최소 200년 동안 아프리카, 인도, 카리브해 섬, 남아메리카 일부 지역 등 열대 기후에 사는 전 세계의 사람들에게서 이러한 증상들을 발견해 왔다. 두비니구충이 그 원인으로 보였지만, 아직은 풀어야 할 수수께끼가 많았다.

배설물로 몸을 통과하는 다른 장내 기생충과는 다르게 두비니구충은 오직 알만 인간의 몸 밖으로 배출하는데, 그 수가 한 번에 수천 개에 이른다. 어떤 연구자는 두비니구충의 알을 잔뜩 삼켜서 스스로 감염되려고 했다. 하지만 두 달이 지나도 그에게는 어떠한 이상 증세가 없었고 배설물에서 알이 발견되지도 않았다. 성충이 몸속에 살고 있지 않다는 뜻이었다.

과학자들은 따뜻하고 습도가 높은 외부 환경에서 두비니구충의 알이 아주 조그만 유충으로 부화하는 것을 관찰할 수 있었다. 하지만 그중에서 성체로 성장한 유충은 한 마리도 없었다. 그간 시체들의 소장에서 과학자들이 찾은 건 성충이었는데!

그렇다면 이 기생충은 도대체 어떻게 인간의 몸 안으로 들어가서 자리를 잡고, 성체로 자란 뒤 알을 낳는 걸까?

여전히 알 수 없었다.

빈혈로 쓰러지는 광부들

1880년 초, 스위스 알프스산맥을 통과하는 고트하르트 철도의 터널을 짓던 광부 수백 명이 병에 걸렸다. 병든 광부들은 일을 할 수 없을 정도로 쇠약해져서 공사 현장을 떠나 집으로 돌아가야 했다.

광부들의 고향은 대개가 이탈리아 북서쪽이었다. 의사들과 과학자들은 이전에 탄광에서 일하던 광부들에게서 보았던 빈혈 증상이 나타난 것이라 생각했다. 이는 영양 부족, 불결한 주거 환경, 지하 깊숙한 곳에서의 산소 부족 때문에 생긴다고 여겨지는 질병이었다.

24

고트하르트 철도 터널의 광부들

광부들이 일을 하기 위해 터널로 들어가는 모습을 그린 그림이다.
암석을 뚫어야 했기 때문에 터널을 짓는 데 무려 10년이나 걸렸다고 한다.
1882년에 완공되었는데, 그 길이가 15킬로미터에 이르며,
지구상에서 가장 긴 터널이 되었다.

하지만 광부들은 고향으로 돌아가서도 회복하지 못하고 오히려 증상이 악화되었다. 몇 주가 지나자 투린 병원에 있던 광부 몇 명이 목숨을 잃었다. 죽은 광부들의 소장 점막에 붙어 있던 것은 아주 조그맣고 하얀 벌레였다. 한 의사가 환자 한 명에게서 1,500마리가 넘는 벌레를 발견하기도 했다. 그는 벌레들을 현미경으로 관찰하다가 그것이 두비니구충이라 불리는 기생충, 즉 이집트 위황병을 일으키는 것과 같은 종류라는 사실을 알아냈다.

1880년 6월까지 100명도 넘는 광부가 더 목숨을 잃었다. 그렇게 시간이 흐르면서 스위스와 독일의 의사들 또한 고트하르트 터널에서 일했던 광부들이 심각한 빈혈을 호소한다고 보고했다. 의사들은 아픈 광부들에게 장내 기생충을 죽인다고 알려진, 양치식물에서 얻은 약을 처방했다. 약효가 있었다. 죽은 기생충들이 장벽에서 떨어져 나와 숙주의 몸에서 배설물의 형태로 배출되었다. 과학자들은 그 기생충이 두비니구충이란 걸 확인했다.

의학 전문가들은 두비니구충이 이집트 같은 열대 기후의 저지대에서 심각한 빈혈을 일으키는 병의 원인이라고 생각했다. 하지만 고트하르트 철도 터널은 스위스의 알프스산맥, 즉 추운 산악성 기후의 지역에 있었다. 광부들은 어떻게 구충에 감염된 것일까?

가장 그럴듯한 설명은 몇몇 광부가 두비니구충이 발견된 따뜻하고 습한 지역, 즉 이탈리아에서 왔기 때문이라는 것이다. 즉, 그들이 몸속에 구충을 품고 스위스의 터널 안으로 가져왔다는 이야기다.

광부들은 좁은 터널 안에서 종일 일하느라 땅바닥에 변을 보지만, 그 잔여물은 깨끗이 치우지 않았다. 배설물은 터널 바닥에 고이는 물과 뒤섞였다. 지하 터널은 습하고 따뜻하기 때문에 구충의 알과 유충이 살아남을 수 있었다. 광부들은 일을 하면서 더러운 물에 발을 담근 채 몇 시간이고 서 있었다. 그렇게 어떤 식으로든, 정확한 경로는 모르지만 구충이 광부들의 몸 안으로 들어간 것이다.

고트하르트 철도 터널 사건은 유럽 과학자들 사이에서 구충에 대한 새로운 관심을 불러일으켰다. 이탈리아의 한 과학자는 양치식물보다 기생충을 더 효과적으로 박멸하는 치료제를 발견했다. 백리향에서 얻은 기름, 즉 '티몰'이다. 또 다른 과학자들은 유럽 전반에 걸쳐 고트하르트 철도 터널의 광부들처럼 빈혈을 호소하는 광부들이 있는지 찾아냈다. 그들을 티몰로 치료하자 구충을 배출하고 빈혈도 나았다.

스타일스는 독일에서 기생충을 공부할 때 이러한 연구들을 전부 섭렵했다. 하지만 스물네 살에 학업을 마치고 고향인 미국으로 돌아왔을 때, 미국의 과학자들은 대부분 두비니구충

고트하르트 철도 터널

옛 고트하르트 철도 터널 안의 버려진 통로를 찍은 사진이다.

터널을 지었던 1872년부터 1882년까지,

광부들이 일했던 환경을 추측할 수 있다.

광부들은 축축한 터널 땅바닥에서 살아남은 유충에게 감염되었다.

을 들어 본 적도 없었다. 인간 몸속에 기생하는 구충에 대해 알고 있던 몇 안 되는 이들도 그 구충이 미국까지 건너왔을 리 없다고 확신했다.

하지만 잘못된 확신이었다. 구충은 이미 미국에 상륙해 있었다.

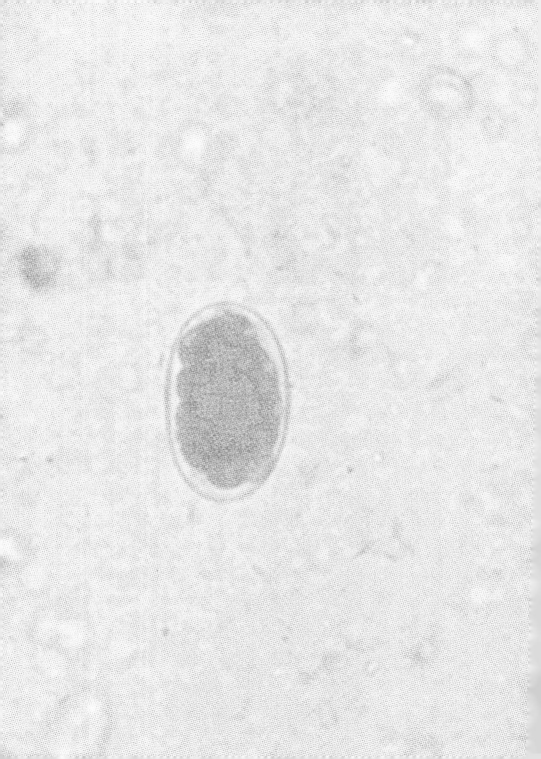

3장
서서히 밝혀지는 미스터리

 자연은 숨겨진 자신만의 법칙을 따를 뿐,
가설이나 공식에 얽매이지 않는다. **"**

– 아르투어 로오스, 과학자

　　스타일스는 유럽에 4년 넘게 머물렀다. 기생충학 분야에서 가장 존경받는 과학자들과 함께 교육을 받아 박사 학위를 취득했다. 그리고 1891년 7월, 미국 농무부 산하의 축산국에서 동물학자로 새롭게 일을 시작했다. 스타일스는 농부들이 가축을 병들게 하는 기생충을 알아내고, 다루고, 피하는 데 도움을 줄 수 있는 지식을 갖추고 있었다.

구충의 존재를 알려라

축산국에서는 소속 과학자들이 연구에 사용할 기생충을 채집해 보관했다. 스타일스는 워싱턴에 도착하자마자 그 표본을 살펴보았다. 개·고양이·소·양을 감염시킨 구충이 든 유리병을 봤지만, 거기에 두비니구충은 없었다.

스타일스는 가축에 기생하는 구충이 미국에서 살아남았다면, 인간에 기생하는 구충 역시 마찬가지일 것이라고 판단했다. 두비니구충은 유럽·아시아·아프리카에 서식했다. 미국은 주로 그 대륙에서 건너온 이민자들이 사는 나라였다. 스타일스는 미국에 있는 사람들 역시 두비니구충에 감염되었을 거라고 추측했는데, 특히 따뜻하고 습한 지역에 사는 사람들의 경우 그 가능성이 높다고 보았다.

호기심에 찬 스타일스는 미국 의학 보고서를 뒤져서 극심한 빈혈증, 체중 감소, 창백하거나 누런 피부, 이식증(흙을 먹는 증상)처럼 인간이 구충 때문에 앓는 병과 관련된 단서를 찾았다. 그러다가 1808년 미국 남부에서 이러한 증상을 보인 환자들이 있었다는 기록을 몇 개 발견했다. 그러나 어떤 과학자도 이 증상을 기생충과 연관 짓지 않았다. 스타일스는 놀라지 않았다. 미국 과학자들이 과거에 구충에 대한 교육을 받지 않았다는 것을 알고 있었기 때문이다.

찰스 스타일스와 동료 수의학자인 앨버트 해설
미국 농무부 축산국에서 함께 일하는 모습이다.
1892년 축산국에서는 기생충을 채집해 연구자, 수의사, 의사 등이
참고 자료로 삼도록 했다. 이 채집 표본은 계속 규모가 커져서
현재는 스미소니언 협회의 국립 자연사 박물관에 소장되어 있다.

스타일스는 축산국에서 일하면서 지역 의과 대학에 나가 기생충에 관해 가르치기도 했다. 볼티모어 근처의 존스홉킨스 의과 대학교에서 이루어졌던 한 강의에서 스타일스는 이렇게 이야기했다.

"이 병은 분명히 보고되는 것보다 훨씬 흔하게 걸리는 질병입니다."

강의를 듣던 사람 중에는 존경받는 교수인 윌리엄 오슬러

도 있었다. 오슬러는 구충병에 관한 설명이 포함된 유명 의학 교과서를 저술했다. 하지만 책에는 최근 미국에서 발병한 사례가 없다고 언급하고 있었다. 오슬러는 스타일스의 발언에 동의하지 않았고, 미국 과학자들을 향한 비판으로 받아들였다. 오슬러는 만약 그 병이 실제로 존재한다고 해도 "구충병은 진단이 쉽기 때문에 보통은 그냥 넘어갈 수가 없다"라며 반박했다.

하지만 스타일스의 생각은 달랐다. 구충병은 증상을 잘 모른다면 충분히 지나칠 수 있는 질병이라고 본 것이다. 그도 그럴 것이 두비니구충은 환자와 의사의 눈에 보이지 않는 소장 안에 숨는다. 또한 기생충이 낳은 알은 현미경으로만 관찰할 수 있다. 그마저도 의사가 무엇을 찾는지 알고 있어야만 관찰이 가능하다.

미국인도 두비니구충에 감염되었을 것이라고 확신한 스타일스는 비슷한 감염 사례가 있지 않는지 계속 의학 저널을 주목했다. 이후 몇 년에 걸쳐, 구충병을 알고 있으며 자신의 환자가 두비니구충 때문에 아프다고 생각하는 남부 지역 의사들의 글을 찾아냈다. 이 의사들은 환자의 배설물에서 구충의 알을 발견했다.

한편 스타일스는 미국 의학계에 두비니구충을 알리겠다는 생각으로 자신의 임무를 계속했다. 존스홉킨스 대학교, 조지타운 대학교 그리고 미 육군 의과 대학교 강의에서 스타일스는 거듭 주장했다.

"열대 지방과 아열대 지방에서 빈혈 사례를 접한다면, 구충이 일으키는 병일 수도 있다는 가능성을 염두에 둬야 합니다."

그리고 환자의 배설물에 구충의 알이 있는지 현미경으로 살펴보면 쉽게 판단할 수 있을 거라고 설명했다.

그곳에는 군의관을 목표로 하던 한 학생이 있었다. 그는 훗날 이러한 스타일스의 가르침을 잊지 않았다.

치료법이 통하다

1898년 미국-스페인 전쟁이 발발했을 때, 미국의 젊은 외과의사 베일리 애슈퍼드는 군의관으로 부대 병력과 함께 푸에르토리코로 향했다. 당시 푸에르토리코는 스페인 식민지로 전투가 벌어지기도 하는 곳이었다. 애슈퍼드는 조지타운 대학교와 육군 의학 대학교를 다녔는데, 그곳에서 스타일스의 기생충 강의를 들었다.

전쟁이 금세 막을 내리고, 승자인 미국이 푸에르토리코를 점령했다. 1899년 8월, 위력적인 허리케인이 불어닥쳤을 때, 미 육군은 야전 병원을 설치해 푸에르토리코 시민들을 치료했다. 애슈퍼드는 그곳에서 환자를 돌보는 임무를 맡았다.

베일리 애슈퍼드

애슈퍼드는 푸에르토리코에서 수천 명의 목숨을 앗아간

구충과 싸우는 일에 헌신하며 살았다.

10년간 30만 명을 치료하는 일을 감독했는데,

이는 인구의 약 3분의 1에 달하는 수였다.

그는 지역 의사들과 함께 푸에르토리코인들이 사는 공간의

위생 상태를 개선해 재감염을 막을 수 있는 방법을 알려 주었다.

그는 많은 환자가 심각한 빈혈증으로 고통받고 있다는 사실을 알아차렸다. 쇠약하고 수척해져서 얼굴이 창백하거나 핏기 없는 누런 색을 띠었다. 꼭 마약에 취한 것처럼 멍해 보였고 아주 간단한 질문에도 대답하지 못하고 대화를 이어 나가지도 못했다.

지역 의사들은 애슈퍼드에게 푸에르토리코의 빈민층에게서 이런 증상이 흔하게 보인 지 오래되었다고 귀띔했다. 병에 시달리던 사람들은 대체로 회복하지 못하고 결국은 쇠약해진 상태로 목숨을 잃었다. 의사들이 환자의 대변을 확인해도 질병의 원인이 될 만한 촌충이나 회충 같은 일반적인 기생충은 발견하지 못했다. 그들은 질병이 음식 섭취 부족, 무더운 기후, 말라리아 때문에 생긴 것이라고 생각했다.

그런데 스타일스의 강의를 들었던 애슈퍼드는 구충이 어떻게 빈혈을 일으키는지 기억하고 있었다. 성체가 대변에 보이는 경우는 흔치 않았지만, 알은 대변에서 볼 수 있다는 것도 잊지 않고 있었다. 곧 애슈퍼드는 환자 몇 명의 대변을 확인했고, 엄청난 양의 구충 알을 발견했다.

애슈퍼드가 환자들을 티몰로 치료하자 죽은 구충이 대변으로 빠져나왔다. 애슈퍼드는 빈혈을 겪던 환자에게 철분 보충제를 처방해 기력을 회복할 수 있도록 했다. 그러자 심각했던 증상들이 사라졌다.

애슈퍼드가 치료한 어린아이

이 병에 걸린 환자들이 흔히 그렇듯, 이 아이는 멍한 표정에
눈은 부자연스러울 정도로 크게 뜨고 있다.

애슈퍼드는 자신의 치료법이 통하는 것을 보고 다른 환자
도 똑같이 치료했다. 그리고 현미경으로 환자의 몸에서 빠져나
온 구충의 성체를 관찰했다.

이 벌레는 두비니구충과 비슷해 보였다. 이렇게 애슈퍼드
는 유행성 구충병을 밝혀냈다. 그는 1900년 봄에 발행한 과학

잡지에 자신의 연구를 보고했다.

미국 워싱턴에 갈 예정이었던 애슈퍼드는 스타일스를 만나 보여 줄 생각으로 자신이 찾은 구충을 병에 담아 보관했다. 기생충 전문가인 스타일스가 푸에르토리코에 널리 퍼진 두비니구충 이야기를 흥미롭게 들으리라 생각했다.

하지만 당시 스타일스는 워싱턴이 아니라 유럽에 있었다. 미국-스페인 전쟁이 발발하기 전, 미국 농무부에서 그를 독일 베를린의 미국 대사관으로 보냈기 때문이다. 스타일스는 지난 6월에 결혼한 아내 버지니아와 함께 유럽으로 떠났다.

당시 독일은 수입한 미국산 돼지고기에 들어 있던 기생충이 독일 국민을 병들게 했다고 비난했다. 그에 관한 대응으로 독일 정부는 미국산 육류 판매를 금지했다. 스타일스는 이 상황을 해결해야 했다. 독일에서 2년을 보내는 동안 그는 질병이 퍼진 것은 미국 탓이 아니라 독일의 감염된 식용 돼지들과 고기 포장을 담당하는 공장 때문이라는 사실을 밝혀냈다. 이 증거를 마주한 독일은 미국산 돼지고기 판매 금지령을 거두었다.

그 후 스타일스는 아내와 젖먹이 딸을 데리고 워싱턴으로 돌아와 농무부 축산국에서 하던 일을 다시 시작했다. 하지만 푸에르토리코에서 애슈퍼드가 한 일을 전해 듣기 전에, 스타일스는 이집트에서 어느 과학자가 획기적인 과학적 성과를 거두었다는 흥미로운 소식을 들었다.

실수와 집념으로 발견한 구충의 비밀

스타일스가 독일에서 돼지고기 기생충을 추적하고, 애슈퍼드가 빈혈증을 보이는 푸에르토리코 사람들을 치료하는 동안, 이집트에서는 아르투어 로오스라는 독일의 과학자가 놀라운 발견을 했다.

로오스는 기생충을 포함한 열대 의학에 관심을 두고 있었다. 로오스와 스타일스는 독일에서 같은 기생충 전문가와 함께 연구했고, 서로 아는 사이였다.

1890년대 말까지 그 누구도 두비니구충이 인간의 몸에 어떻게 들어가는지 알지 못했다. 과학자들이 알아낸 것은 구충의 알을 삼키는 것으로는 감염되지 않는다는 사실뿐이었다. 과학자들은 언제, 어디서 유충이 자라는지, 그리고 어떻게 평생 소장에서 성충으로 기생하는지 알지 못했다. 로오스는 이 수수께끼를 풀고 싶었다.

1898년 카이로에 있는 실험실에서 연구를 하던 로오스는 구충의 알을 배설물과 흙 속에 섞었다. 며칠 후, 그는 흙 표면에서 두비니구충의 유충 수천 마리가 꿈틀대는 걸 보았다. 더 많은 걸 알아내기 위해 그 유충으로 실험을 계속했다.

그러던 어느 날 로오스는 유충이 든 물을 자신의 손에 실수로 한 방울 떨어트렸다. 물방울은 손을 타고 떨어졌지만 물이 떨어졌던 피부가 화끈거리며 붉어졌다. 그러자 그는 유충이 든 물을 일부러 또 한 방울 피부 위에 떨어트렸다. 그리고 피부에 똑같은 반응이 나타나는 걸 확인했다.

로오스는 실험용 메스로 피부에 남아 있던 물기를 살짝 걸어 냈다. 그러고 나서 현미경으로 그 물을 관찰했다. 유충이 거의 사라지고 껍데기만 덩그러니 남아 있었다. 로오스는 살아 있는 유충이 자신의 피부를 뚫고 들어갔다는 사실을 깨달았다.

일단 몸 안으로 들어가면 어디로 가는 걸까? 로오스는 자신의 대변에서 구충 알을 찾기 시작했다. 하나라도 보인다면, 구충 성체가 살아서 자신의 소장에서 번식했다는 뜻이었다.

두 달이 넘어서야 로오스는 마침내 자신의 대변에서 알을 찾아냈다. 실험을 하는 기간 중에 피로를 느끼기도 했다. 이는 구충이 자신의 신체에 영향을 주고 있다는 증거라고 생각했다. 로오스가 스스로 티몰 치료를 하자 죽은 성충이 소장에서 떨어져 배설물로 나왔다.

로오스는 비로소 구충의 비밀을 알아냈다. 그는 유충이 피부를 뚫고 들어가서 소장까지 이동한 다음 성충으로 자라고, 알을 낳는다고 설명했다.

그러나 과학자들에게는 여전히 의문이 남아 있었다. 숙주의 몸에 침입한 유충이 피부를 뚫고 들어온 다음 어디로 이동해 소장까지 가는가였다. 이를 조사하기 위해 로오스는 인간 시체,

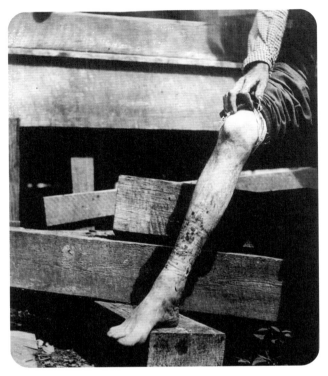

유충이 들어간 다리의 토양진

아르투어 로오스는 실험실에서 저지른 실수 덕분에

구충의 유충이 숙주의 피부를 뚫고 들어간다는 사실을 알아냈다.

이 청년의 다리에 남은 자국은

유충이 어디로 들어갔는지 보여 준다.

미국 남부에서는 간질거리며 빨갛게 올라오는

이 피부 발진을 '토양진'이라고 불렀다.

절단된 다리 그리고 지원자들을 대상으로 실험을 했다. 개와 개를 공격한 구충도 활용했다. 결국 로오스는 구충의 생애 주기를 자세히 알게 되었다.

구충의 알이 배설물을 통해 인간의 몸 밖으로 나오면 부화해서 유충이 된다. 그때 외부 환경이 따뜻하고 습기가 많다면 (너무 축축해서는 안 된다) 유충은 성장한다. 유충은 땅바닥 위를 기어다니며 바람에 날려 인간 피부에 닿기를 기다린다.

로오스는 유충이 숙주의 피부에 구멍을 내고 침입하기 때문에 닿으면 아프고 가렵다는 사실을 알아냈다. 유충은 혈류를 따라 폐로 이동하는데, 폐에 이르면 혈관을 벗어난다. 그 후 폐에서 뻗어 나가는 기관지와 기도를 따라 위로 올라가는데, 그러면 숙주가 침과 함께 유충을 삼켜서 소화계로 내려보낸다. 그렇게 유충은 소장에 자리를 잡는다.

갈고리 같은 입으로 소장 벽에 달라붙어 성체로 성장한 유충은, 소장 속에 살고 있는 다른 성별의 성충과 번식을 한다. 암컷은 숙주의 몸 안에서 알을 낳고 이 알들은 배설물의 형태로 숙주의 몸을 빠져나간다.

로오스는 이 전체 생애 주기가 완성되는 데 몇 주 정도 걸리는 것으로 추정했다.

정체가 탄로 난 흡혈 기생충

스타일스는 로오스가 밝혀낸 사실에 감명을 받았다. 배설물로 오염된 토양에 피부가 닿았을 때 구충병이 어떻게 퍼져 나가는지 알게 되었다. 더운 기후에 사는 사람들은 대체로 신발을 신지 않았다. 위생 상태가 열악해 지나다니는 땅에 배설물이 여기저기 섞여 있으면 바로 질병에 감염될 수 있었다. 구충 감염을 막는 핵심은 바로 맨발로 유충을 밟지 않는 것이었다!

1900년 1월 스타일스는 워싱턴으로 돌아와 미국의 구충 사례에 관한 연구를 다시 시작했다. 애슈퍼드가 가져온 푸에르토리코 표본은 미국에도 두비니구충이 존재할 수 있다는 사실에 힘을 실었다. 하지만 스타일스는 미심쩍은 부분을 발견했다. 표본이 두비니구충과는 달라 보였기 때문이다. 몸통이 약간 더 짧았고, 가장 눈에 띄는 부분은 입안에 두비니구충이 지닌 날카롭고 갈고리 같은 치아 대신 치판(장차 치아가 될 부분의 납작한 띠)이 있었다는 점이다.

더 흥미로운 증거도 드러났다. 미국 농무부에서 일하던 스타일스는 전국의 의사들에게 기생충에 관한 질문을 받는 역할도 맡고 있었다. 1901년 여름, 워싱턴의 한 의사가 스타일스에게 연락을 해왔다. 스타일스가 구충에 관해 강연하는 것을 들었던 그는 이제 의사가 되었는데, 버지니아 출신의 환자 중 위장 문제를 겪는 사람이 있다고 했다. 그 의사는 환자가 구충병의 사례가 아닐까 생각했던 것이다.

스타일스는 그 의사와 함께 병동을 찾았다. 방 안 가득한 침대에 누워 있는 환자들을 찬찬히 살펴보던 스타일스는 의사가 말해 주기도 전에 곧바로 그 환자를 짚어 냈다. 환자는 구충 감염이 심할 때 나타나는 외적인 증상을 전부 보이고 있었다.

스타일스는 환자의 배설물 표본에서 구충의 알을 찾았다. 의사가 환자를 티몰로 치료한 이후, 스타일스는 대변에 섞여 나온 성충의 사체를 연구했다. 이 기생충들은 애슈퍼드가 푸에르토리코에서 가져온 표본과 같은 종류였다.

그때쯤 텍사스 대학교의 의과 대학 교수가 스타일스에게 학생 몇 명에게 건네받은 구충을 보냈다. 스타일스는 현미경으로 그 구충을 관찰했다. 애슈퍼드가 보낸 것, 버지니아의 환자에게서 발견된 것과 종류가 같았다.

스타일스는 기생충 전문가였다. 동물과 인간 구충에 관한 온갖 과학적 연구를 섭렵했고, 실수할 리 없었다. 이 표본들은 분명 두비니구충이 아니었다. 북아메리카에 존재하는 이 인간 구충은 이전에 한 번도 언급되지 않았던 전혀 다른 종이었다!

1902는 5월, 스타일스는 또 다른 구충이 인간을 감염시키고 병들게 한다는 과학 논문을 발표했다.

"미국 땅에서 우리는 구충병을 일으키는 특별하고, 지금까

수컷 아메리카구충

내장 기관을 그린 초기의 그림이다.
실제 크기보다 훨씬 더 크게 묘사되었다.
왼쪽이 꼬리, 오른쪽이 머리다.

지 언급된 적 없는 새로운 기생충을 발견했다."

스타일스는 이 벌레가 '발견되는 일은 거의 없지만' 미국 남부 지역 전체에 걸쳐 질병을 일으키고 있다고 했다.

스타일스는 이 기생충을 '신세계 구충'이라고 불렀다. 구세계인 유럽·아프리카·아시아보다는 신대륙인 미국에서 발견되었기 때문이다. 나중에는 이 흡혈 기생충에게 '아메리카구충 *Necator americanus*'이라는 소름 끼치는 정식 이름을 붙이는데, 라틴어를 풀이하면 '미국의 살인자'라는 뜻이다.

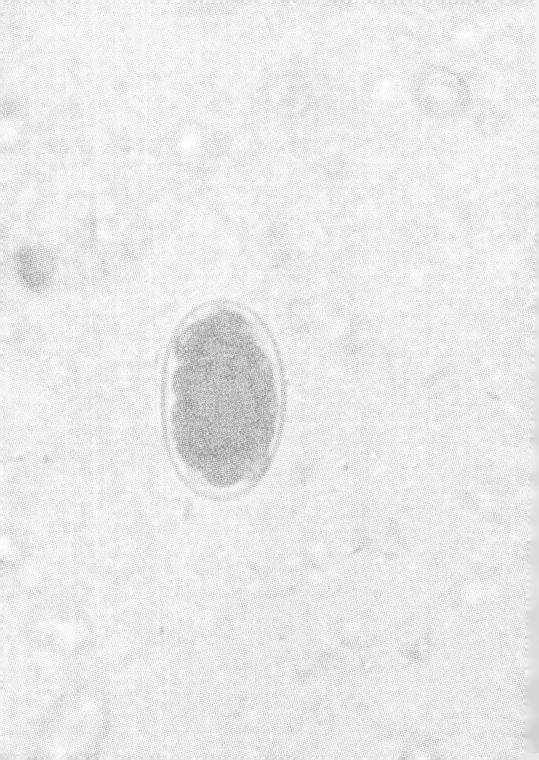

4장
세상 밖으로 알려진 구충병

> 구충이 있는 아이들은
> 학습에 어려움을 겪는다.

– 찰스 스타일스, 기생충학자

스타일스는 아메리카구충이 예상할 수도 없을 만큼 많은 미국인을 감염시켰다고 확신했다. 하지만 구충병에 대해 아직 밝혀지지 않은 사실이 너무 많았기에 연구를 계속해야겠다고 결심했다.

스타일스의 관심은 가축을 감염시키는 기생충에서 인간을 병들게 하는 기생충으로 옮겨 갔다. 그는 인간 기생충 연구에 집중할 수 있는 새로운 일자리가 필요했다.

1902년 여름, 공중보건 및 해양 의료청의 위생연구소에서

공중보건 및 해양 의료청 제복을 입은 찰스 스타일스
1902년 그는 위생연구소의 동물학 부서장이 되었다.

기생충을 포함한 인간 질병의 동물학적 원천을 연구하고자 동
물학 부서를 새로 만들었다. 그해 8월, 스타일스는 농무부에서
공중보건 및 해양 의료청으로 이직하며 동물학 부서의 부서장
이 되었다.

스타일스는 공중보건 및 해양 의료청의 청장이었던 월터
와이먼에게 미국에 구충병이 퍼지게 된 이유를 밝혀야 한다고
설득했다. 또한 아메리카구충이 생존하기 위해서는 따뜻한 기
후가 필요하기 때문에 남부의 여러 주를 방문하고 싶다고 요청

미국 공중보건국의 탄생

1798년 미국 의회는 해양 병원에 있는 선원들을 관리하기 위해 해양 의료청을 설립했다. 이 기관은 1870년대부터 황열병·천연두·콜레라와 같은 전염병을 통제하는 데 집중하기 시작했다. 1887년에는 위생연구소를 설립해 질병과 그 질병의 원인을 연구했다. 위생연구소는 미국 연방 정부가 질병 연구를 위해 자금을 대주던 초기 모델로 오늘날 미국 국립보건원[NIH]으로 이어진다.

1902년 스타일스는 위생연구소의 동물학 부서장 자리를 맡는데, 해양 의료청은 그때부터 공중보건 및 해양 의료청이라는 새로운 이름으로 바뀌었다. 그리고 10년 뒤 다시 이름이 바뀌었는데 이것이 오늘날의 공중보건국[PHS]이다.

했다. 그곳 주민을 관찰하고 지역 의사와 이야기를 나누고 싶었기 때문이다. 와이먼은 이를 승낙했고, 스타일스는 9월에 버지니아를 떠나 플로리다로 향했다.

흙을 먹는 이상한 사람들

스타일스는 고트하르트 철도 터널 사례와 유럽 광산의 사례를 통해 광부들에게 이따금 구충병이 발병한다는 사실을 알고 있었다. 그는 노스캐롤라이나주와 버지니아주의 동광과 탄광을 방문했다.

그중 많은 곳은 광산 내부에서 대변을 보는 것이 금지돼 있었고, 광부들은 보통 주변의 숲을 이용했다. 스타일스가 숲속에서 찾은 대변을 현미경으로 관찰하자 구충의 알이 발견되었다. 빈혈 증상을 보이는 광부들도 만났다. 이들의 배설물을 확인해 보니 그중 몇 명에게서 구충 알이 관찰되었다. 하지만 구충 감염자의 수는 유럽의 광부들에 비해 훨씬 적었다.

버지니아주에서 스타일스는 형무소에 들러 약 1,200명의 죄수들도 조사했다. 빈혈 증상을 보인 이들은 교도소 병원으로 보내져 배설물에 구충 알이 있는지 검사를 받았다. 그러나 그 누구도 구충병에 감염돼 있지 않았다.

감염된 가족들

이 가족은 전부 엄청난 양의 구충에 감염되었다. 이 가족에서
감염 증상 중 하나인 눈이 툭 불거진 모습을 확인할 수 있다.
아이들은 신발을 신지 않고 있다.

버니지아주와 노스캐롤라이나주를 몇백 킬로미터나 누비
고 다녔던 스타일스는 구충병의 증상을 조금밖에 찾지 못했다.
낙심한 그는 자신이 엉뚱한 곳을 살핀 것은 아닌지 의심했고,
흙이 푸석하고 모래가 많이 섞인 토양 지역에서는 개와 양의 구
충 감염이 더 흔하다는 글을 읽은 기억을 떠올렸다. 스타일스는
조사 지역을 넓혀 모래 지반에서 연구를 이어가기로 결정했다.

때마침 사우스캐롤라이나 카운티의 한 의사가 흙을 먹는
다고 알려진 사람이 있는 집으로 스타일스를 데려갔다. 흙을 먹
는 건 구충 감염의 한 증상이었다. 스타일스는 그 집안 사람들

열한 명을 만났고, 모두 구충병에 걸렸다는 것을 알게 되었다. 그는 아이 한 명의 배설물을 확인해 아메리카구충의 알 수백 개를 발견했다. 이후 담당 의사에게 저렴한 티몰 치료제만으로도 가족을 치료할 수 있다고 알려 주었다.

스타일스는 그 의사와 사우스캐롤라이나를 여행하며 수십 명에 달하는 어른과 아이에게서 구충병에 걸린 사람의 특징을 찾아냈다. 그러한 관찰을 통해 스타일스는 확신할 수 있었다. 기생충이 미국 남부를 감염시키고 있었던 것이다.

'나는 정말 들뜬 마음을 안고 호텔로 돌아왔다.'

스타일스는 이렇게 회상했다.

'그리고 사흘 동안 거의 먹지도 자지도 못했다.'

스타일스가 목격한 구충병의 사례는 대체로 모래흙이 많은 지역에 사는 농부들에게서 발견되었다. 감염된 사람들 중에는 이 지역으로 이사 오기 전까지는 아프지 않았다고 말하는 사람도 있었다. 가족 한 사람이 감염되면 나머지 가족도 감염되는 것이 일반적이었다. 스타일스는 가장 안 좋은 사례가 아이들과 여자들에게서 나타난다는 사실을 깨달았다.

고통을 겪는 사람들은 설사를 하고 배가 부풀어 오르는 증상을 호소했다. 피부는 보통 사람들보다 더 창백했다. 아이들은 신체적으로 발달이 느렸다. 어른들은 사소한 일조차 하지 못할 정도로 힘이 떨어졌으며 생계를 유지할 수 없으니 매우 가난했

오랫동안 구충병을 앓은 남자

팔다리가 얇고 배가 불룩하게 나와 있다. 눈에 띄는
다른 증상은 창백한 피부와 굽은 어깨 그리고 공허한 표정이다.

다. 이러한 증상을 수년간 겪어 온 사람도 있었고, 가족들이 같은 병으로 연이어 사망하기도 했다. 그들 중 누구도 자신들이 왜 여러 세대에 걸쳐 고통받고 있는지 알지 못했다. 그저 받아들였을 뿐이다.

같은 지역 사회 주민들은 구충병에 걸린 그들이 느리고 게으르다고 생각했다. 흙을 먹는 것이 흔한 증상이었기 때문에 감염자들은 '흙을 먹는 이상한 사람'으로 조롱당하기 일쑤였다. 누구도 이 증상이 허약하거나 의지가 박약하기 때문에 나타나는 게 아니라는 것을 이해하지 못했다. 하지만 이 모든 건 눈에 보이지 않는 기생충이 존재한다는 증거일 뿐이었다. 그것도 수백 마리씩 피해자의 소장에 붙어 천천히 피를 빨아 먹고 있다는 증거 말이다.

스타일스는 시골 지역의 의사들이 대체로 이를 이해하지 못하거나 구충병에 걸린 환자로 진단하지 않았다는 사실에 마음이 불편했다. 시름시름 앓던 사람들은 대부분 모기로 감염되는 말라리아에 걸려 빈혈 증상을 보이는 것으로 오진을 받아왔다. 하지만 그런 환자들의 혈액 속에 말라리아 기생충은 전혀 발견되지 않았고, 오히려 배설물 안에 구충의 알이 득시글거렸다.

농부들에게 흔한 병

1865년 미국 남북 전쟁이 끝나고 남부의 농업 체계는 변화를 맞았다. 농지를 경작하던 노예들이 이제는 전부 해방되었기 때문이다. 수많은 지주가 백인과 흑인 농부에게 땅을 빌려주는 새로운 농업 체제를 만들어 노예 인력을 대체했다.

이들 소작농은 농기구와 당나귀를 가지고 있었지만 땅은 없었으므로, 지주에게 땅 사용료를 내야 했다. 봄에는 씨앗과 비료 등을 사기 위해 돈을 빌리고, 가을에 추수가 끝나면 곡식을 팔아 갚았다.

어떤 소작농들은 지주에게 기구와 당나귀까지 모두 빌렸다. 그 대가로 나중에 지주에게 자신들이 기른 곡식의 일부를 바쳤고, 그 양은 전체 추수량의 절반에 이를 때가 많았다.

이들은 가을마다 빚을 갚고자 했다. 하지만 대체로 가족을 부양하는 것만으로도 벅찼다. 특히 그해 농사가 실패하거나 농작물 가격이 폭락할 때는 사정이 더 힘들

1900년 무렵 조지아주의 농부들이 괭이질하는 모습.

1916년 켄터키주의 한 남자아이가 쟁기로 땅을 일구는 모습.

었다.

스타일스는 구충병이 남부 지역의 가난한 농부들 사이에서 흔히 발병한다는 사실을 알게 되었다.

당시 대부분의 의료계 사람들은 구충병이 미국에서 보기 드문 병이라고 주장했다. 구충이 몸에 있는 사람들은 두비니구충을 이미 몸속에 지닌 채로 다른 나라에서 최근에 미국으로 건너왔을 것이라고도 했다.

하지만 남부 지역을 둘러본 스타일스는 구충이 널리 퍼져 있다고 확신할 수밖에 없었고, 그 기생충은 두비니구충이 아니라 새로운 아메리카구충이었다. 남쪽으로 내려갈수록 구충병은 더 자주 목격되었다. 이는 구충의 알과 유충이 몹시 추운 기후에서는 살아남지 못하기 때문일 것이라고 예상했다.

어떤 지역에서는 성인의 절반인 50퍼센트와 아이들의 80퍼센트가 감염돼 있었다. 의학 보고서에 묘사된 증상과 스타일스가 만난 남부 사람들의 말에 근거해 그는 아메리카구충이 남부에 퍼진 지 수십 년, 아니 200년이 넘었을지도 모른다는 결론을 내렸다.

1902년 10월 말, 공중보건 및 해양 의료청은 스타일스가 남부에서 돌아와 작성한 보고서를 주간 발행지에 실었다. 스타일스는 구충병을 "남부의 특정 지역, 특히 모래 지반의 농장에서 가장 중대하고 흔하게 발생하는 질병"이라고 언급했다.

그는 구충을 건강 문제 이상으로 바라보았다.

구충병에 걸린 두 아이

맨발로 돌아다니다가 감염되었을 확률이 높다.

구충은 특히 아이들에게 해로운데,

신체 및 정신 발달을 방해하기 때문이다.

1903년 한 의학 잡지에서 스타일스는 구충에 감염된

20세 이하의 청소년은 신체 발달이 또래보다

6년 정도 뒤처지는 경우가 많다고 했다.

감염이 심각한 아이들은 집중력과 기억력이

떨어져서 학습과 성적까지 영향을 받았다.

"이 질병에 걸리면 체중이 줄어들고, 일을 하기 어려워 농가의 생산량이 떨어지며, 아이들이 기운이 없어 학교에 가지 못하게 된다."

이를 모르는 사람들은 치료법을 찾기 위해 약값과 병원비로 돈을 낭비하고 있었다. 그러나 어떠한 것도 효과가 없었는데, 그것은 병의 진짜 원인, 즉 구충을 없애지 못했기 때문이다.

스타일스는 구충병이 전염되는 원인을 아주 정확하게 짚었다. 그가 방문했던 농가들 중 집 안이나 밖에 제대로 된 화장실을 갖춘 곳은 거의 없었다. 스타일스가 말하길, 사람들은 "집 근처 50미터 안에서는 아무 데나 대변을" 보았다. 즉, 구충의 알은 사방에 깔려 있었다.

게으름이 병 때문이다?

공중보건 및 해양 의료청의 청장이었던 와이먼은 스타일스가 발견한 사실이 얼마나 중요한지 깨달았고, 구충병이 더 많은 관심을 받기를 바랐다.

1902년 12월 초, 와이먼은 스타일스가 워싱턴에서 열리는 중요한 회의에서 남부 지역 조사 보고서 내용을 발표하도록 했다. 청중은 미국 각지에서 모인 의사와 보건 관련 공직자였는

데, 이들의 목표는 국민의 건강을 증진시키고 전염병을 막는 것이었다. 스타일스는 아메리카구충에 대해 경고할 수 있는 이 기회를 기쁘게 생각했다.

스타일스는 구충병을 진단하고 치료하는 방법을 설명했다. 이 흡혈 기생충이 숙주에게서 기력과 활기를 어떻게 앗아가는지도 묘사했다. 피해자들이 게을러 보일지 몰라도 사실 이들은 '미국의 살인자'에게 감염된 것이라고 설명했다.

마침 이 회의에 참석했던 기자 하나가 대중의 흥미를 끌 만한 주제를 찾고 있었다. 사람을 게을러 보이게 만드는 기생충이 있다는 스타일스의 발표를 들었을 때, 그 기자는 특종을 잡았다고 생각했다.

기자는 발표가 끝난 후 스타일스에게 다가갔고, 빙그레 웃으며 이렇게 물었다.

"'게으름 병'이 밝혀졌다고 볼 수 있는 거 아닌가요?"

"맞습니다, 그렇게 부르시길 원한다면요."

스타일스가 답했다.

다음 날, 그 기자가 쓴 신문 기사가 "게으름 병의 발견?"이라는 제목으로 〈뉴욕 선〉의 첫 장을 장식했다. 기사는 대부분의 미국인이 꺼리는 게으름이라는 특성이 질병 때문이라고 하는 스타일스의 주장을 조롱하고 있었다.

신문을 본 스타일스는 충격에 휩싸였다. 구충병은 심각한 문제였기 때문이다. 기자가 구충병을 우습게 만들 거라고는 생각지도 못했다.

미국과 유럽 전역의 신문에서 그 이야기를 실어 날랐다. 한 신문에서는 스타일스를 두고 이렇게 평가하기도 했다.

"스타일스는 세상에서 가장 게으르기로 알려진 남부의 '가난뱅이'들 사이에 있다가 막 돌아왔다. 그는 그들을 나무라기보다는 동정하고 싶은 게 분명하다."

또 이렇게 조롱하기도 했다.

"그 미국인 과학자가 게으름이 병 때문이라고 생각한다면, 노동으로 그 병을 치료하면 될 일이다."

다른 신문 역시 빈정대기는 마찬가지였다.

"게으른 것에는 언제나 진짜 이유가 있으며, 게으른 자가 일하지 않는 것을 손가락질 받지 않는다면 그것이 특권이 아니고 무엇인가."

"위험한 건 하나뿐이다. 조사관들이 병에 감염돼서 너무 게을러진 나머지 조사를 끝마치지 못했다는 것이다."

하지만 스타일스의 보고서는 남부 지역 여러 신문사의 아픈 곳을 건드렸다. 그중 한 신문사는 구충병 환자를 "약한 몸에 약한 정신을 지닌 자"로 묘사한 적도 있었다. 하지만 스타일스는 왜 그들이 여러 세대에 걸쳐 빈곤에서 벗어나지 못하는지 설명했다. 이에 한 신문사의 기자는 스타일스가 이들을 도울 수만 있다면 조사를 계속하게 해야 한다는 기사를 쓰기도 했다.

몇 개월이나 조롱을 당한 스타일스는 사기가 꺾였다. 구충병에 '게으름 병'이라는 비과학적인 꼬리표가 붙었으며, 피해자들의 고통은 웃음거리가 되어 버렸다.

하지만 시간이 갈수록 스타일스는 언론에 감사하게 되었다. 미국의 구충 문제에 대한 소식이 많은 사람에게 알려졌기 때문이다. 스타일스는 나중에 이렇게 말했다.

"과학자들의 힘만으로 구충 문제에 대한 관심을 이만큼 이끌어 내려면 수년은 걸렸을 것이다."

이렇게 구충병이 드디어 세상 밖으로 알려졌다.

구충에 대한 모든 것

❝더러운 주제에 관한 뻔한 사실**❞**

1903년에 이르러 스타일스와 동료 과학자들은 인간 구충과 그 생애 주기를 정확히 이해하게 되었다. 그 후 수십 년간 과학자들은 구충에 대한 지식의 폭을 넓혔다. 오늘날 구충에 관한 비밀은 전부는 아니더라도 대부분 밝혀졌다.

침투

아주 오래된 인간의 유해와 배설물에 관한 연구에 따르면, 과학자들은 구충이 인간 기생충으로 최소 1만 2,000년을 살아왔다고 추측한다. 인류가 지구 이곳에서 저곳으로 이동할 때 구충도 인간을 따라 이동했다.

약간 차이는 있지만, 아메리카구충과 두비니구충은 인간 신체를 같은 방식으로 공격한다. 구충의 알은 배설물을 통해 인간 숙주의 몸에서 빠져나온다. 알이 흙에서 부화하면 유충의 첫 단계가 시작된다. 배설물과 흙 속의 박테리아를 먹고 살면서 유충은 며칠 동안 두 단계 더 성장한다. 알과 유충은 반드시 따뜻하고 습한 환경에 머물러야 하며 아주 낮은 기온에서는 살아남을 수 없다. 특히 그늘진 환경은 유충이 메마르지 않도록 해준다.

그림(65쪽) 속 3단계의 실처럼 생긴 유충은 여러 차례 탈피를 마친 모습으로, 필라리아형 유충이라고 한다. 이 유충은 점토보다는 모래가 많은 토양에서 번성하기 쉬운데, 모래 사이를 지나 뜨거운 태양을 피해 지

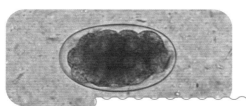

현미경으로 본 구충의 알이다. 의사들은 환자의 배설물 표본을 현미경으로 관찰한다. 여기서 구충의 알이 보인다면 구충에 감염되었다고 진단한다. 알이 많을수록 그 사람의 소장 안에 더 많은 성충이 살며 짝짓기를 하고 있다는 뜻이다.

표면 아래로 숨을 수 있기 때문이다. 이 유충은 먹지 않는다. 대신 지표면에서 약간 더 높은 곳, 예를 들면 풀잎 같은 곳을 향해 꿈틀거리며 기어올라가 인간 숙주를 찾는다. 습도를 유지하기 위해 축축한 토양과 아침 이슬을 활용한다.

일단 자리를 잡으면 유충은 바람에 흔들리는데, 이를 '탐색'이라고 부르며, 인간 숙주가 지나가기를 기

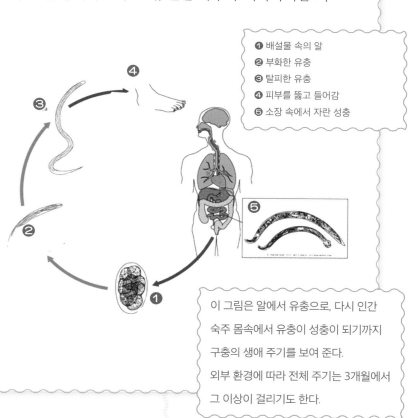

❶ 배설물 속의 알
❷ 부화한 유충
❸ 탈피한 유충
❹ 피부를 뚫고 들어감
❺ 소장 속에서 자란 성충

이 그림은 알에서 유충으로, 다시 인간 숙주 몸속에서 유충이 성충이 되기까지 구충의 생애 주기를 보여 준다.
외부 환경에 따라 전체 주기는 3개월에서 그 이상이 걸리기도 한다.

다리는 과정이다. 대부분의 유충은 자신이 부화한 배설물 가까이에 무리 지어 있는다. 배설물을 밟고 지나가는 동물 또는 빗물을 통해 멀리 퍼진다.

탐색 중인 유충을 사람이 알아차릴 수는 없다. 현미경 없이는 볼 수 없을 만큼 너무 작기 때문이다. 하지만 유충이 인간의 맨발 같은 노출된 피부와 접촉하면, 몸속으로 들어온다.

유충은 화학 물질을 분비해 피부를 뚫고 들어와 혈액을 타고 이동한다. 유충이 파고든 곳에는 토양진 또는 이슬진이라고 하는 가렵고 붉은 발진이 생긴다.

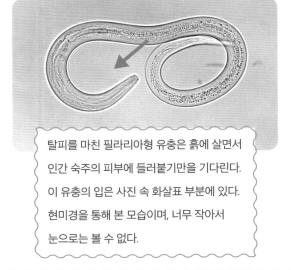

탈피를 마친 필라리아형 유충은 흙에 살면서 인간 숙주의 피부에 들러붙기만을 기다린다. 이 유충의 입은 사진 속 화살표 부분에 있다. 현미경을 통해 본 모습이며, 너무 작아서 눈으로는 볼 수 없다.

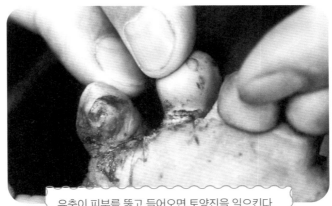

유충이 피부를 뚫고 들어오면 토양진을 일으킨다.
발진 부위는 가렵고, 붉어지며 부풀어 오른다.
위 사진은 유충 여러 마리가 아이의 발가락 사이를
뚫고 들어간 모습이다.

이동

숙주의 몸 안으로 들어온 유충은 혈류를 타고 심장으로 이동하며, 거기서 다시 폐로 이동한다. 폐 안에서 유충은 또 한번 화학 물질을 이용해 모세 혈관을 뚫고 작은 폐포 안으로 들어간다. 그리고 폐의 기도를 타고 기관지까지 올라간다. 유충이 많이 침투했다면, 유충들이 폐를 거쳐 이동하는 동안 숨소리가 거칠고 호흡이 가쁘게 된다.

　　숙주가 침을 삼키면 유충이 식도로 내려와서 위장으로 옮겨 가고, 소장까지 침투한다. 바로 이 소장에서 성충으로 자라난다.

　　성충은 소장의 점막에 달라붙는다. 아메리카구충은 입에 달린 흡착 컵 모양의 치판을 이용해 점막에 달라붙는다. 두비니구충은 치판 대신 이빨 모양의 입 구조물을 지녔다. 두 구충 모두 융털이라고 불리는 소장 벽의 미세한 돌기를 물어서 혈액과 조직을 빨아 먹으며 영양분을 얻는다.

　　구충은 혈액의 응고를 막는 화학 물질을 분비해서 혈액을 계속 흐르게 한다. 소장 벽의 한 부분을 며칠 동안 마음껏 빨아 먹고 나면, 성체 구충은 새로운 곳을 향해 이동한다. 우리 몸은 피가 멎고 원래 상처가 아물기까지 2~3일이 걸린다.

　　두비니구충의 유충은 아메리카구충은 할 수 없는 또 다른 방법으로 인간의 신체에 침투하는데, 바로 입을 통해서다. 인간의 배설물로 토양에 비료를 주면, 두비니구충의 유충이 흙을 오염시키고 작물 위로 기어오르기도 한다. 그러면 그 땅에서 뛰어노는 아이들이나 농사를 짓는 농부의 손에 유충이 묻는다. 그러고 나서 더러운 손을 입에 넣거나, 씻거나 익히지 않은 채소를 먹는다면 유충이 소장으로 이동해 그곳에서 자리를 잡고 성장하며 번식한다.

흡혈

구충 몇 마리에만 감염된 사람들은 몸이 아프지 않을 수 있다. 하지만 그보다 많은 구충에 감염되면 복통과 설사 증상을 겪고, 식욕을 잃는 경우도 허다하다. 어떤 사람은 흙을 먹거나 먹을 수 없는 걸 먹고자 하는 욕구, 즉 이식증을 느끼기도 하는데 이는 영양 부족에 따른 신체 반응이다.

구충 감염의 가장 심각한 피해는 기생충이 피를 빨아 먹어서 발생한다. 아메리카구충 110마리에 감염된 사람은 매일 티스푼 하나만큼의 혈액을 잃는다. 두비니구충은 그보다 최소 다섯 배는 더 많이 빨아 먹는다. 이러한 현상이 오래 지속되거나 소장에 수백, 수천 마리의 구충이 기생하거나, 인간 숙주의 식단에 철분과 단백질이 부족하다면, 심각한 건강 이상을 일으킨다.

지속적으로 혈액을 잃으면 인간 숙주의 몸에서 철분이 풍부한 적혈구의 수가 줄어든다. 적혈구 수치가 적절히 유지되지 않으면 혈액이 신체의 조직과 기관에 산소를 충분히 전달할 수 없다. 그렇게 빈혈이 생기는 것이다. 빈혈을 겪는 사람은 몸이 피로하고 기력이 없어 신체 활동을 하기 힘들다.

오로지 구충만으로 사람이 죽는 일은 흔치 않지만, 쇠약해진 몸은 폐렴, 말라리아, 결핵, 장티푸스 같은 치명적인 병에 취약해진다. 20세기 초 미국 남부에서는 그런 질병이 흔했다.

임신한 여성이 구충에 심각하게 감염되고, 영양소가 부족한 식단 때문에 이미 철분 수치가 낮은 상태라면 산모와 아이 모두 위험하다. 자칫 아기는 살아남지 못할 수도 있는데, 너무 빨리 태어나서 적정 체중에 이르지 못하기 때문이다. 산모 역시 임신과 출산 때문에 신체에 가해지는 충격으로 사망할 수 있다.

아이들도 해를 입는다. 특히 영양가 있는 음식을 충분히 섭취하지 못했을 때 더 위험하다. 흡혈 기생충은 신체에 있는 철분과 단백질을 위험한 수준까지 떨어뜨린다. 그러면 신체 및 지적 발달에 문제가 생긴다. 아이가 계속 재감염된다면 나중에 구충이 제거되었더라도 그 영향은 돌이킬 수 없을지 모른다.

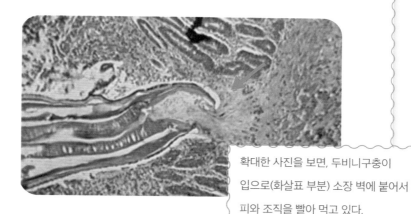

확대한 사진을 보면, 두비니구충이 입으로(화살표 부분) 소장 벽에 붙어서 피와 조직을 빨아 먹고 있다.

개의 몸에 들어간 구충 성체들의 모습이다. 숙주인 개의 소장에 달라붙어 있다. 아메리카구충과 두비니구충은 인간 숙주의 몸에서 똑같이 소장에 달라붙는다.

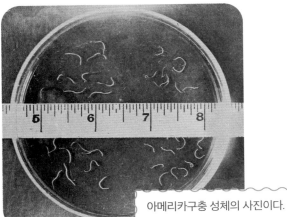

아메리카구충 성체의 사진이다.
인치가 표시된 줄자로 그 크기를 알 수 있다.
(1인치 = 2.54센티미터)

번식

수컷과 암컷 성충이 소장에서 짝짓기를 하면, 암컷
은 알을 낳고 그 알들은 숙주의 배설물로 빠져나간다.
아메리카구충 암컷은 매일 5,000개에서 1만 개의 알을
낳고, 두비니구충은 그보다 두세 배 정도 더 많이 낳는
다. 알은 바깥으로 나갈 때까지 부화하지 않기 때문에
구충이 숙주의 몸 안에서 개체 수를 늘리지는 못한다.

과학자들은 구충이 어떻게 인간의 면역 체계에 저
항하는지 아직도 완전히 알지 못한다. 아마 화학 물질

을 분비함으로써 박테리아나 바이러스 같은 외부 침입자를 공격하는 인간 신체의 방어기제를 피해 갈 것이다. 아메리카구충은 숙주의 소장에서 3~5년을 살다가 죽고, 두비니구충은 보통 1~2년을 산다.

최근의 연구에서 인간의 유전자 구성에 따라 구충 감염에 대한 면역력과 저항성이 다를 수 있다는 사실이 밝혀졌다.

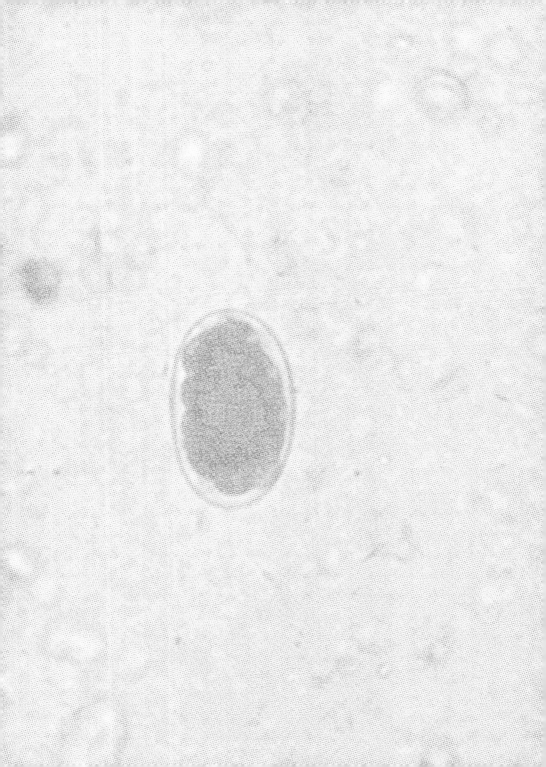

5장
널리, 지독하게 퍼진
기생충

" 미국 남부에는 구충에 감염되었으나
살릴 수 있는 사람이
수백만 명이나 된다. "

– 찰스 스타일스, 기생충학자

위생연구소의 동물학 부서장이었던 스타일스는 진드기, 회충, 편충 같은 기생충이 인간에게 퍼뜨리는 질병을 조사해야 했다. 하지만 스타일스는 여전히 구충 연구에 빠져 있었다.

공중보건 및 해양 의료청의 사명 중 하나가 의사들에게 그들의 지역 사회에 존재하는 건강 문제를 교육하는 일이었다. 공중보건 및 해양 의료청 청장인 와이먼의 허락을 받아 스타일스는 구충을 알리는 글을 쓰고 아메리카구충에 대한 새로운 연구를 지휘했다.

가난을 만드는 무서운 병

시간이 생길 때마다 스타일스는 남부로 가서 기생충에 대해 더 공부하고 구충병을 알렸다. 아직도 많은 의사가 구충 감염을 알지 못하거나 치료하는 방법을 모르고 있었다. 사실상 대중은 아예 무지한 상태였다.

플로리다로 떠난 여행 중에 스타일스는 현지 의사와 함께 한 농가에 들렀다. 그곳에 사는 가족 일곱 모두 수척하고 무기력한 모습이었다. 스타일스는 아이 열다섯 명이 집 뒤의 무덤에 묻혔다는 이야기를 듣고는 의사에게 아이들이 왜 그렇게 일찍 죽었는지 물었다.

"그게 무슨 병이었는지 모르겠지만, '저 여자아이'를 죽이고 있는 것과 같은 것이었겠죠."

의사가 이렇게 답하면서 '흙 먹는 아이'라고 불리는 앙상한 아이를 가리켰다.

"그게 뭔지 알아낸다면, 그간 열다섯 명이나 되는 아이들이 왜 죽었는지도 밝힐 수 있을 겁니다."

가까이에서 '흙 먹는 아이'를 보자마자 스타일스는 무엇이 문제인지 알 수 있었다. 그 여자아이와 마찬가지로 살아남은 다른 가족들도 심각한 구충병 증상을 보이고 있었다.

스타일스는 농가, 면직 공장, 병원 그리고 고아원을 방문했다. 그렇게 약 1만 명의 사람을 살폈고, 공중보건 및 해양 의료청에서 발행하는 기사에 자신의 연구를 보고했다. 그는 많은 남부 사람이 무기력하고 아픈 느낌에 너무 익숙해진 나머지 자신의 증상을 의학적인 문제로 여기지 않는다는 사실을 알게 되었다. 의사들에게 도움을 청하면 말라리아나 신장 문제 또는 소화 기관의 질병으로 여기고 치료했다. 하지만 스타일스가 생각하는 올바른 진단명은 구충 감염이었다.

스타일스는 아메리카구충이 "빈곤층의 정신적·신체적 발달을 가로막고 가난하게 만드는" 주요 원인이라고 여겼다. 아주 작은 기생충이 이들의 성공적인 삶을 방해하고 있었다.

이 상황을 어떻게 해결할 수 있는지 스타일스는 잘 알고 있었다.

구충병에 걸린 형제

구충병은 청소년의 정신적·신체적 발달을 가로막는다.

사진 속 두 소년은 형제다. 왼쪽의 동생은 구충에 가볍게 감염되어 있었고,

열일곱 살에 몸무게가 71킬로그램 정도였다.

오른쪽의 형은 구충에 심하게 감염되어 있었는데,

열여덟 살이지만 몸무게가 겨우 34킬로그램밖에 나가지 않았다.

구충병에 걸린 여성

이 젊은 여성은 심각한 구충 감염으로 고통받았다.

눈에 보이는 증상은 굽은 어깨, 공허한 표정, 툭 불거진 눈이다.

감염 때문에 성장이 뒤처졌다.

비정상적으로 키가 작고 가슴도 발달하지 않았다.

1,000원짜리 치료제

여행을 하는 동안 스타일스는 보건 기관과 의사 그리고 지역 사람들과 소통했다. 그들에게 구충의 알과 성체 아메리카구충을 사진과 현미경으로 보여 주었다.

또한 사람들에게 50센트, 지금으로 치면 1,000원 정도면 구충을 제거하고 병을 치료할 수 있다고 말했다. 치료가 쉽다는 걸 보여 주기 위해 그는 가루형 티몰 캡슐과 설사약을 함께 가지고 다녔다. 스타일스는 감염된 환자에게 티몰 하나를 삼키게 했다. 두 시간 뒤 죽은 구충을 몸에서 빼내기 위해 환자에게 설사약을 먹이면, 대체로 환자들은 하루도 안 돼서 기생충에서 자유로워졌다.

스타일스는 의사에게 치료 과정을 꼼꼼히 살피라고 권했다. 티몰을 올바로 섭취하지 않으면 위험하기 때문이다. 치료 이후에 의사는 환자의 배설물을 다시 보고 구충이 모두 죽었는지도 확인해야 했다. 그래도 알이 발견된다면 소장 안에 여전히 성충이 살아 있다는 뜻이다. 그러면 환자는 두 번째 치료를 받았다. 구충을 완전히 박멸하기 위해 여러 차례 치료를 받아야 하는 환자도 있었다.

스타일스의 설명은 구충병을 들어 본 적도 없던 수많은 남부의 의사를 설득시켰다. 스타일스가 증상을 묘사했을 때, 의사

구충병 치료제 광고

구충의 알은 눈으로 볼 수 없지만, 사람들은 촌충과 회충 같은

다른 기생충이 배설물에 섞여 나온다는 걸 알고 있었다. 감염된 사람들은

기꺼이 구충제라고 하는 치료제를 사서 몸속의 기생충을 없애고자 했다.

1889년에 만들어진 이 광고지는 그러한 효과를 보장하는 강장제 광고였다.

그러나 이런 약은 거의 치료 효과가 없었다.

1900년대 초 구충 감염은 의사가 처방하는 티몰로만 치료가 가능했다.

들은 자신의 환자들에게서 같은 증상을 본 적이 있다는 걸 깨달았다. 이제 의사들은 구충병을 진단하고 다룰 수 있게 되었다.

스타일스는 남부 의료계에서 든든한 아군을 모으게 되었고, 그들은 곧 다른 이들을 교육했다. 조지아주 보건국에서는 이런 말도 돌았다.

"피해자를 이처럼 끈질기게 괴롭힌 병도, 그동안 많은 사람에게 이토록 위협이 되는 상황도 없었지만, 이렇게 중대한 질병이 이만큼 신속하고 확실하게 치료된 적도 없다."

노스캐롤라이나주에서 스타일스는 구충에 관한 지식이 어떻게 생명을 살렸는지 듣게 되었다. 한 여성이 창백하고 무기력한 아기를 데리고 병원을 찾아왔다. 의사는 뭐가 문제인지 확신하지 못하다가 아이의 몸 사방에 토양진이 넓게 퍼져 있는 걸 보았다. 엄마는 발진에 대해서는 그다지 걱정하지 않았다. 밖에서 빨래를 널기 위해 아이를 모랫바닥 위에 내려놓고 난 다음에는 늘 이렇게 발진이 생긴다고 했다. 그 여성은 아이의 몸에 유충이 파고들어 심각한 구충병을 일으켰고, 아이의 목숨이 위태로울 거라고는 생각지도 못했다. 하지만 다행히 의사는 이 증상이 무엇 때문인지, 어떻게 치료해야 할지 알고 있었다.

스타일스는 구충병의 존재를 인정하지 않는 내과 의사들을 견딜 수 없었다. 환자의 진짜 질병을 진단하고 치료하는 대신 소용도 없는 약을 처방하는 그들을 비난했다.

그러한 비난을 받은 의사들은 스타일스는 진짜 의사도 아니며 그저 참견하기 좋아하는 북부의 외지인일 뿐이라고 지적했다. 그들은 스타일스가 유럽에서 받은 교육과 기생충에 관한 전문 지식을 가볍게 여겼고, 널리 퍼져 있던 질병을 자신들이 놓치고 있었다는 사실을 인정하지 못했다.

스타일스는 자신을 뭐라고 비방하든 신경 쓰지 않았다. 의사들이 능력만 갖추면 환자는 치료될 수 있다고 믿었기 때문이다. 그리고 환자들이 몇 가지 삶의 방식만 바꾸면 고통에서 벗어날 수 있다고 확신했다.

기생충의 고향, 변소

　　스타일스는 공중보건 및 해양 의료청에서 발행한 기사에 형편 없이 지어진 변소 그림을 실었다. 왼쪽 그림의 변소는 사람들의 배설물을 쌓아 주변 땅에 새어 들게 하는 구조였다. 이렇게 되면 농가의 가축들이 배설물(그리고 구충의 알)을 발에 묻힌 채로 마당 곳곳에 퍼뜨리게 된다. 비바람이 배설물을 우물과 계곡으로 쓸어 가면서 그 물을 마시는 사람들이 장티푸스나 이질 같은 장 질환을 일으키는 박테리아에 감염되기도 한다. 또한 파리 떼는 박테리아가 가득한 배설물을 다리에 묻혀 사방을 날아다닌다.

　　스타일스는 이 변소 그림에 이렇게 설명을 달았다. "근처에 이런 변소를 두고, 사람 똥을 묻혀 온 파리가 음식에 앉도록 두고 있진 않나요?"

　　스타일스는 오른쪽 그림처럼, 배설물을 양동이에 모으는 위생적인 변소를 권장했다. 그리고 사람들에게 냄새를 없애고, 음식에 박테리아를 퍼뜨리는 파리를 쫓기 위해 배설물 위에 마른 흙이나 라임 가루를 뿌리도록 했다. 양동이는 일주일에 한 번은 바꾸고, 배설물은 땅에서 최소 60센티미터 아래에 파묻되 먹는 물과 거리를 둬야 한다고 했다. 그리고 뒷문은 가축이 다가오지 못하도록 닫을 수 있어야 한다고 알렸다. 구멍과 통풍구에 방충망을 설치하면 파리가 접근하지 못하도록 할 수 있고 환기도 할 수 있다고 했다.

위기에 놓인 맨발의 아이들

아메리카구충의 생애 주기를 알게 된 스타일스는 티몰 치료만으로는 남부의 구충 문제를 해결할 수 없을 것이라고 확신했다. 티몰은 기생충을 처치할 지속적인 방법이 될 수 없었다. 언제든 재감염될 수 있기 때문이다. 구충병이 얼마나 흔했는지, 스타일스는 이렇게 말했다.

"그 지역의 공기가 특별히 구충이 성장하기 좋아서 그런 게 아닙니다. 배설물을 어떻게 처리하는 게 올바른지 사람들이 거의 관심이 없기 때문입니다."

아메리카구충의 알이 인간의 몸을 빠져나가는 유일한 방법은 배설물을 통해서다. 도시에 사는 사람들은 집 안에 변소가 있고, 지자체에서 하수도를 관리했다. 다만 집 밖에도 변소가 하나씩은 더 있었다. 하지만 이웃과 서로 가까이 살고 있으니 지자체는 악취를 방지하기 위해 기본적인 위생을 지킬 것을 요구했다.

스타일스는 남부의 농가 대부분에서 어떠한 위생 시설도 찾아 볼 수 없다는 사실에 경악을 금치 못했다. 시골 사람들은 집 근처의 뜰, 풀숲, 들판에서 소변과 대변을 보았다. 스타일스가 방문했던 어떤 농가는 집 주변에서 온통 배설물 악취가 풍기고 있었다. 엉성하게나마 변소가 있더라도 배설물이 땅에 그대로 쌓이는 구조였고, 뒤쪽의 활짝 열린 공간을 통해 쌓인 배설물이 계속 흘러 나갔다.

그게 끝이 아니었다. 스타일스는 시골 지역의 학교와 교회 중 80퍼센트는 변소가 없다는 사실을 발견했다. 학교에서 학생들은 풀숲을 이용했다. 남자아이들은 건물의 한쪽 끝을 쓰고 여자아이들은 반대편 끝을 사용했다. 보통은 맨발일 때가 많아서 오염된 땅을 기어다니는 유충에 그대로 노출되었다.

이러한 환경을 목격한 스타일스는 시골 지역의 많은 남부인이 구충에 감염되었다고 여겼고, 오히려 감염되지 않은 사람들이 있다면 놀라울 지경이었다.

농부들과 나눈 대화와 시민에게 했던 연설에서 스타일스는 배설물에 오염된 토양이 얼마나 위험한지 솔직하게 설명했다. 인간의 배설물은 가축이 밟고 지나거나, 농부들이 정원과 밭의 비료로 쓰면서 사방으로 퍼져 나갔다. 그렇게 토양이 오염되면 구충이 사람들 사이를 지나면서 계속해서 감염시킨다.

스타일스는 구충이 피부를 뚫고 침입한다고 설명했다. 기생충이 살아남으려면 습도가 유지되어야 하므로 땅이 무르거나 풀이 젖어 있을 때 가장 위험하다. 신발을 신으면 발을 보호할 수 있다.

하지만 부모들은 금세 커버리는 아이들에게 계속 신발을 사줄 형편이 못 되었다. 게다가 아이들은 맨발로 다니는 것에

익숙했고 특히 더운 계절에는 맨발을 훨씬 편하게 여겼다. 보호되지 않은 발은 집에서, 학교에서, 교회에서 구충에 그대로 노출되었다.

스타일스는 돌려 말하지 않았다. 시골 지역의 사람들에게 구충 문제의 해결책은 변소를 잘 짓고 깨끗하게 관리하는 거라고 말했다. 하지만 스타일스의 이야기를 듣던 사람들은 그의 표현에 상처를 받았다. 누군가가 대변이나 변소에 대해 떠드는 게 일단 익숙하지 않았고, 그래서 스타일스의 말이 무례하다고 느낀 것이다. 집이 더럽고 아이들에게 신발을 신게 하지 않아서 기생충에 감염된 것이라고 말하는 스타일스를 보며 도시에서 온 과학자에게 모욕을 당했다고 여겼다.

어떤 연설 이후에는 지역의 보안관이 스타일스에게 경호원을 붙여 주기도 했다. 스타일스의 연설을 듣고 매우 화를 낸 관중이 있었기 때문에, 그가 위험할 수도 있다는 것이 보안관의 설명이었다.

공장 노동자 사이에 퍼진 빈혈

1902년 남부 여행 중에 스타일스는 면직 공장 몇 곳을 다니며 구충병이 공장 노동자들을 감염시켰다는 사실을 확인했다. 공장에서는 백인 노동자들을 대거 고용했는데, 이들은 공장 주가 마련한 작은 마을에 모여 살았다. 공장에서 흑인을 고용하는 일은 거의 없었다.

공장을 둘러보는 동안 스타일스는 노동자들을 유심히 살폈다. 그곳에는 '면직 공장 빈혈증'이라고 불리는 병에 걸린 사람이 많았는데 증상이 구충병과 아주 비슷했다. 스무 살이 채 되지 않은 어린 면직 공장 노동자들은 대체로 이 빈혈증에 걸려 있었으며 제대로 발육이 되지 않은 상태였다.

스타일스는 현미경으로 노동자 몇 명의 배설물을 관찰해 구충의 알을 발견했다. 빈혈 증상을 보이던 노동자들은 대부분 시골 농가에 살았던 적이 있었다고 했다.

스타일스는 시골 지역에서 이주해 온 사람들이 구충을 몸 안에 품고 왔고, 그 기생충이 면직 공장 빈혈증을 일으켰으리라고 추측했다.

1907년, 미국 상무노동부는 스타일스와 공중보건 및 해양 의료청에 면직 공장 빈혈증을 더 철저히 조사하도록 요구했다. 이러한 요구는 남부의 면직 공장 환경이 그곳에서 일하고 있는 아이들에게 해롭고 안전하지 못하다는 아동 노동 단체의 비난에 대응하기 위한 것이었다. 아동 노동 단체들은 어린 노동자를 보호하기 위한 법 제정을 촉구했다.

스타일스는 북동부의 뉴잉글랜드와 남부의 면직 공장을

비교하며 초기의 연구를 확장했다. 북부와 남부 양쪽 공장의 직원들 모두 목화 섬유가 날리는 곳에서 숨을 쉬며 일을 했다. 그는 보고서에 뉴잉글랜드의 면직 공장 노동자들에게서는 심각한 빈혈 증상을 찾을 수 없었다고 썼다. 하지만 남부에서는 공장 노동자 여덟 명 중 한 명은 질병에 걸려 있었다. 그러므로 스타일스는 남부에서 흔히 '면직 공장 빈혈증'이라고 불리는 것이 대부분 구충 감염에 따른 것이며, 오염된 공기나 다른 노동 환경 때문이 아니라는 결론을 내렸다.

스타일스는 구충에 감염된 사람들을 치료하고 기존의 변소를 개선해야 빈혈증 문제를 해결할 수 있다고 말했다. 일부 변소는 기준에 미치지 못하지만, 전반적으로는 공장이 농가보다 환경이 낫다고도 했다.

한편 스타일스는 아동 노동 개혁가들이 노동자의 나이를 잘못 판단하고 있다고 주장했다. 구충병은 그 병에 걸린 사람을 제 나이보다 몇 살은 더 어려 보이게 만들었다. 어떠한 경우라도 아이들의 노동 환경은 농가보다 공장이 나았다.

스타일스는 확신에 차서 이렇게 말했다.

"만약 열 살짜리 딸을 남부 면직 공장 아니면 보통의 소작농 농가 중 하나에 보내야만 한다면, 면직 공장에 보낼 수밖에 없습니다. 그게 아이를 위한 최선의 선택이에요."

공장주들은 이러한 스타일스의 보고서를 환영했다. 하지

만 아동 노동 개혁가들에게는 맹렬한 비난을 받았다. 그들은 실제로 어린아이들이 공장에서 일하고 있다며 반박했다. 공장에서 일하는 부모와 아이 모두 자신의 나이를 거리낌 없이 밝혔기 때문이다. 또한 스타일스는 공장 노동자들이 걸린 질병은 모두 구충 감염 때문이라는 잘못된 말을 하고 말았다. 그러나 공장 노동자들을 괴롭힌 건 구충만이 아니었다. 그들은 오랜 시간 영양 결핍과 위험한 환경에 노출되어 고통받았다.

스타일스의 연구는 구충과 위생 상태에만 치우쳐 있던 그의 시각을 드러냈다. 노동자들을 병들게 한 다른 의학적 요인을 알아보려 하지 않았던 것이다. 스타일스가 공장을 방문했을 때 그는 노동자들의 외형만 보고 구충 감염 때문이라고 판단했다. 하지만 모든 노동자의 배설물을 현미경으로 확인하고 구충병이라고 판단할 만한 시간이나 도구가 없었다.

그러한 허점에도 불구하고 스타일스는 끝까지 자신의 연구를 향한 비판을 무시하며 결론을 고집했다.

공장의 어린 노동자들

1880년대까지 남부의 면직 공장주들은 북부의 섬유 공장과 어깨를 나란히 하며 경쟁했다. 목화밭이 가까이 있었기 때문에 남부의 공장주들은 운송비를 아낄 수 있었다. 목화를 면직물로 만들기 위한 인건비도 저렴했다.

많은 백인 소작농이 힘겨운 농경 생활에서 벗어나 안정적인 임금을 받으며 덜 힘들게 일할 수 있는 면직 공장에서 일하길 간절히 원했다. 소작농 중에는 따뜻한 계절에는 시골 지역에서 농사를 짓고, 추운 겨울에는 면직 공장에서 일하기 위해 이동하는 사람도 있었다.

한 가족은 구성원이 전부 공장에서 일하기도 했는데, 가장 어린 아이는 여덟 살이었다. 일주일에 5일을 하루 10~11시간씩 일하고, 토요일에는 5시간을 더 일했다. 적은 임금이지만 부모와 아이들이 전부 일하면 농장에서 일할 때보다 더 많은 돈을 벌 수 있었다. 그렇지만 여전히 가난하게 살았다.

1908년 미국 남부 공장촌의 세 아이들이다.

또래들과 마찬가지로 대부분 맨발로 지냈다.

가장 큰 아이는 이미 공장에서 4년째 일하고 있었다.

1914년 공장에서 일하는 어린 노동자들의 모습이다.

어떤 아이들은 작업할 때조차 신발을 신지 않았다.

이 끈질긴 기생충은 어디서 왔을까?

1905년, 구충병을 연구하던 연구자들은 서아프리카에 사는 사람들에게서 아메리카구충을 발견했다. 아메리카구충이 미국 대륙 바깥에서 발견된 건 이때가 처음이었다.

서아프리카의 그 지역은 16세기 초반, 주민들이 '신세계'라 일컬어지던 미국 땅에 노예로 많이 잡혀 가던 곳이었다. 이러한 발견은 스타일스와 다른 과학자들에게 새로운 가설을 세우게 했다. 즉, 그 시기에 아메리카구충이 아메리카 대륙으로 오게 되었을 거라는 것이다.

오늘날의 생물학자들은 대부분 이 가설에 동의한다. 콜럼버스가 미국 대륙을 발견한 1492년 이후, 아메리카구충이 미국의 아열대 및 열대 지방에 처음 나타났을 것이라고 추측한다. 그렇지만 유럽의 탐험가들과 함께 미국 대륙에 건너온 것은 아닐 것이다. 왜냐하면 유럽에서 발견된 것은 아메리카구충이 아니라 두비니구충이기 때문이다. 아메리카구충은 노예로 끌려온 아프리카인의 몸 안에서 아메리카 대륙으로 함께 이동해 왔을 것이다.

1902년, 탐구를 위해 떠났던 여행에서 스타일스는 남부의 백인보다 흑인에게 구충병 감염 사례가 더 적었다고 보고했다. 하지만 스타일스를 포함한 어느 누구도 이 현상이 다른 지역에서도 발견되는지 심층적으로 연구하지 않았다.

어떤 남부 의사들은 스타일스에게 "흑인이 구충병에 걸린 걸 단 한 번도 본 적이 없다"라고 했다. 또 다른 의사는 흑인 환자에게서 구충병을 발견했고, 현미경으로 검사까지 마쳤다고 했다. 결국 스타일스는 "흑인에게도 감염 사례가 발생한다는 충분한 근거가 있다"라고 결론을 내렸다.

한편 조지아주의 한 의사는 흑인의 구충병은 지나치기 쉽다고 지적했다. 배설물에서 구충의 알을 확인하려면 현미경이 있어야 하는데, 지역 병원에 현미경이 없어서 사람의 겉모습만으로 진단을 내리는 것이다. 그 의사는 얼굴색이 창백한 백인에게서 빈혈증을 진단하기 더 쉽다고 말했다. 또한 남부의 흑인이 백인에 비해 의료 서비스에서 더 소외돼 있고, 더 가난해 병원비를 내기 어렵다는 점도 지적했다. 결국 흑인들의 질병은 의료계에 드러나기가 어려운 상황이었다.

또한 남부의 의사들은 구충 감염이 인종보다는 살고 있는 환경에 영향을 받는다고 주장했다. 촘촘하고 밀도가 높은 토양보다 듬성듬성한 모래가 많은 토양에서 농사를 짓는 사람에게서 구충병이 더 잘 발견되었다. 변소가 없는 농가에 사는 사람 역시 감염 확률이 높았다.

남부를 여행하는 동안 스타일스는 빈곤층이라면 누구나 걸리는 게 구충병이라며 업신여기는 중산층 사람을 많이 만났다. 그들은 정부가 왜 이들에게 시간과 돈을 낭비해야 하냐며, "그 사람들은 도와줄 가치가 없다"라고 말하기도 했다.

스타일스는 경제적인 수준이나 인종에 상관없이 구충에 감염된 사람을 전부 치료하는 것이 중요하다고 설득했다. 모두가 진정으로 기생충에서 해방되려면 모든 사람이 치료받고 구충의 알이 퍼지는 것을 막아야 했다.

20세기 초 남부에는 심한 인종적 편견이 널리 퍼져 있었다. 남부 백인들에게 구충에 대한 경각심을 일으키기 위해, 스타일스는 흑인이 구충에 감염되어 기생충을 퍼뜨리고 있다고 말했다. 하지만 흑인의 신체는 기생충에 더 잘 적응하며, 가장 해로운 영향에 대해서 면역력이 더 강하기 때문에 아파 보이는 경우가 드물었다. 이는 아프리카에 살던 그들의 선조 덕분이었다. 아프리카 대륙에는 아메리카구충이 오래도록 존재해 왔다. 하지만 남부 백인들의 뿌리는 북부 유럽이었고, 그곳에는 구충이 거의 없었다. 따라서 스타일스는 그들이 아메리카구충의 피해에 더 큰 타격을 입는 것이라고 말했다.

1900년대 초, 이와 같은 인종적 차이는(그게 사실인지와는 별개로) 남부의 백인이 구충 문제에 맞서 싸우게 했으며, 흑인을 향한 편견과 그들에게 감염될지 모른다는 두려움을 심어 주었다. 뉴스와 잡지에서는 스타일스의 발언을 인용하면서 시골 지역의 가난한 백인이 그들의 흑인 이웃에 비해서 구충병에 취약하다고 주장했다. 남부 백인이 치료가 된다면, 유능한 노동 인구로서 남부 경제를 활성화할 것이라고도 했다. 한 언론인은 이렇게 썼다.

"백인을 치료하는 유일하고 진정한 희망은 흑인을 치료하는 데 있다."

희망이 있을까?

스타일스는 1902년부터 1908년까지 6년 동안 구충병을 알리는 데 힘썼다. 수많은 의사를 찾아가 그들이 사는 지역에 구충병이 널리 퍼져 있다고 설득했다. 스타일스는 그 질병이 어떻게 가난을 불러오는지 설명했다. 하지만 여전히 '게으름 병'을 조롱하는 신문들도 있었다.

공중보건 및 해양 의료청의 와이먼 청장은 이 질병을 뿌리 뽑기 위해서는 대중과 의사, 공직자를 교육하기 위해 더 적극적으로 나서야 한다는 스타일스의 의견에 동의했다. 또한 오염을 일으키는 시골 지역의 위생 시설을 개선해야 했다. 수십만, 어쩌면 수백만 명에 달하는 감염자들을 치료해야 했다. 이 일은 한 사람의 노력만으로는 부족했다.

대규모 교육과 치료를 위해서는 돈이 필요했다. 하지만 스타일스와 와이먼의 노력에도 불구하고, 정부는 프로젝트를 이끌어 가기 위해 필요한 예산 편성을 거부했다.

스타일스는 '미국의 살인자'에 맞서려는 운동을 연방 정부가 지지해 주지 않는다는 사실에 낙담했다. 이제 그 프로젝트를 진행할 수 있는 유일한 기회는 사적 기금을 모금하는 것뿐이었다. 기생충과 몇 년간 홀로 '전쟁'을 치르고 나자 스타일스는 과연 현실적으로 희망이 존재하는가에 의문이 생겼다.

시골에 퍼진 저주

20세기 초, 미국 남부는 아픈 사람이 많았다. 그도 그럴 것이 남부의 시골 지역 사람들을 괴롭히는 전염병은 구충병만이 아니었다. 말라리아와 펠라그라 역시 아주 흔하게 퍼져 있었다.

이 세 가지 질병으로 이미 몸이 허약해진 사람들은 다른 병으로 목숨을 잃을 위험이 컸다. 빈곤하게 사는 사람들은 질병에 더 취약했으며, 아플 때 병원에서 치료를 받기 쉽지 않았기 때문에 사망률이 높았다.

말라리아

몇 세기 동안 말라리아는 미국에서 흔한 질병이었다. 증상으로는 발열, 오한, 피로가 있다. 빈혈을 일으키고 목숨을 위협하기도 했다. 1800년대 후반까지 과학자들은 모기에 의해 사람 몸으로 전파되는 기생 미생물이 말라리아의 원인이라는 것을 알지 못했다. 모기는 기온이 따뜻할 때 물속에 알을 낳기 때문에 낮은 지대에 살거나 그곳을 여행하는 사람들이 위험했다.

말라리아의 원인이 밝혀지자 습지와 늪의 물을 빼고, 집에 모기가 들어오지 못하게 막으려는 노력이 시작되었다. 하지만 1900년대 초 대부분의 남부 사람들은 질병을 옮기는 이 벌레에 그대로 노출돼 있었다.

펠라그라

펠라그라에 감염되면 피부 발진, 설사, 인지기능 장애를 겪다가 결국에는 죽음에 이른다. 이 질병은 유럽에서 1700년대부터 발견되었지만, 미국의 의사들은 1900년대 초까지 펠라그라를 알지 못하고 있었다. 감염 사례는 보통 남부에서 발견되었다.

1914년, 공중보건국의 연구원들은 펠라그라가 부적절한 식단 때문이지 않을까 추측했다. 나중에 밝혀진 바에 따르면, 부족했던 가장 중요한 영양소는 비타민군인 니아신이었다. 펠라그라를 예방하는 음식인 붉은 고기, 우유, 신선한 채소는 비쌀뿐더러 20세기 초 남부에서는 공급이 부족했다. 남부의 밭은 식재료가 아니라 목화로 가득했다. 소작농, 공장 노동자와 같은 빈곤층

은 영양분이 풍부한 음식을 자주 섭취하지 못하는 경우
가 흔했고, 그중 300만 명 이상이 펠라그라에 걸렸다.

　　스타일스는 겉모습만으로 영양실조 상태의 펠라
그라 환자를 구충병으로 잘못 진단하기도 했을 것이다.
구충병을 진단하는 유일한 방법은 현미경으로 배설물
속에 든 기생충의 알을 찾는 것뿐이었다.

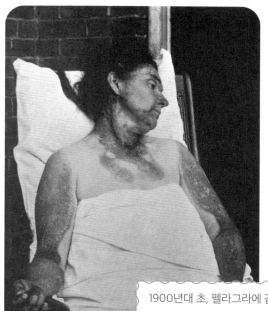

1900년대 초, 펠라그라에 감염된 환자의 모습이다.
붉은 발진과 공허한 표정은 펠라그라에 걸린 환자의
증상이다. 이 여성은 심각한 인지기능 장애로 고통을
받았는데, 이는 뇌까지 영향을 받았다는 증거다.

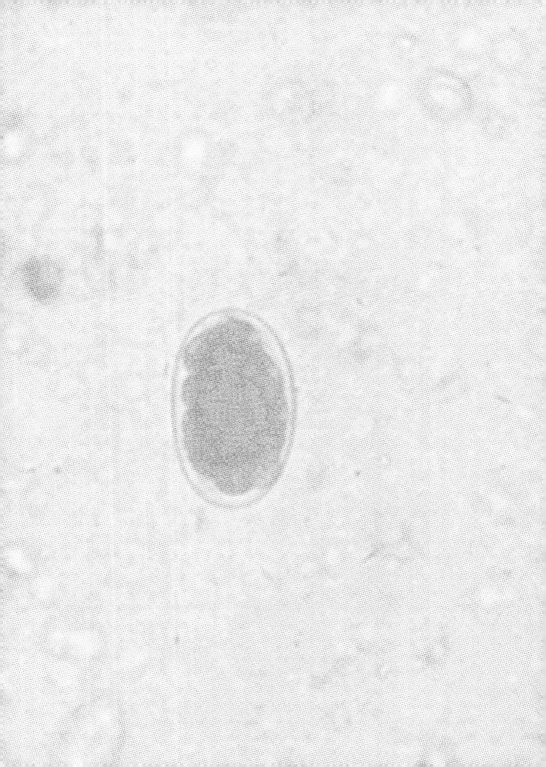

6장
기생충과의 전쟁 선포

" 그들(감염자)은 게으르지 않다. **"**

– 찰스 스타일스, 기생충학자

1908년 8월, 스타일스는 루스벨트 대통령이 미국의 시골 지역 연구를 위해 시골연구위원회를 설립했다는 소식을 들었다. 미국 인구의 약 3분의 1이 농가에 살고 있었으니 루스벨트 대통령은 농부들이 더 번영할 수 있는 방법을 찾고자 했다. 위원회는 농경 전문가, 교육자, 언론인으로 구성되었다.

스타일스는 이 위원회가 구충병을 알릴 기회라고 여겼고, 위생연구소 소속의 시골 위생 환경 전문가로서 위원회에 반드시 참가하고 싶어 했다.

남부를 위해 모인 전문가

위원회의 구성원 중에는 월터 페이지라는 편집자 겸 출판인이 있었다. 페이지는 남부에서 자랐다. 그가 볼 때 남부는 아직도 남북 전쟁의 피해와 노예를 기반으로 하던 농경 체제의 붕괴에서 회복하지 못하고 있었다.

페이지는 교육과 훈련으로 사람들이 빈곤에서 벗어날 수 있다고 생각했다. 그는 고향이었던 노스캐롤라이나주에서 특히 흑인과 시골 지역의 가난한 백인을 위한 교육 수준이 떨어진다는 것을 목격했다. 남부는 경제력이 부족해 북부와 서부의 지역 사회만큼 교육을 지원할 수 없었다. 페이지는 위원회가 그러한 상황을 어떻게 바꿀지 결정하는 데 힘을 싣고자 했다.

위원들은 함께 열차를 타고 미국 전역을 다니면서 시골 지역 사람들을 만나고 그들의 문제를 파악해 해결 방안을 논의했다. 남부를 여행하는 동안 스타일스는 페이지와 또 다른 위원인 미국 중서부 아이오와주 출신의 헨리 월리스 시니어와 가까워졌다. 월리스는 농경 잡지의 편집자였다.

1908년 11월 동이 틀 무렵의 어느 날 기차가 노스캐롤라이나주 동쪽의 조그만 시골 역에 정차했고, 세 사람은 열차에 함께 앉아 있었다. 월리스는 창문 너머로 얼굴이 흙빛에 가까운 수척한 남자가 승강장에 서 있는 걸 보았다. 남자는 거의 죽은 사람처럼 보였다. 월리스는 이 지역이 고향인 페이지에게 남자의 모습에 대해 물었다.

페이지는 저런 사람을 "흙 먹는 사람"이라 부른다고 알려 주었다. 그 불쌍한 남자는 소작농, 즉 "흔히 말하는 가난한 백인" 중 하나일 거라고도 덧붙였다.

월리스는 충격에 휩싸였다. 아이오와주의 어떤 농부도 저렇게 야위고 쇠약한 모습은 아니었다. 저런 모습을 한 사람은 난생처음 보는 것 같았다.

"남부의 농부들이 대체로 저렇다면 남부는 정말 불운한 곳이군요."

월리스가 말했다.

스타일스 역시 승강장에 서 있던 수척한 남자를 발견했다. 스타일스는 그 남자와 비슷한 수천 명의 시골 지역 남부인을 만났기 때문에 그 남자 역시 오랫동안 구충에 심각하게 감염돼 있었을 것이라고 확신했다. 스타일스는 일행들에게 저게 바로 구충병의 사례라고 알려 주었다.

"치료할 수 있는 건가요?"

페이지가 물었다.

"50센트짜리 약이면 깨끗하게 나을 수 있죠."

스타일스가 답했다. 그러고는 구충에 감염된 피해자들을 수도 없이 만났기 때문에 알 수 있는 사실이라고 덧붙였다.

월터 페이지

페이지는 남북 전쟁을 겪으며 자랐고, 아버지의 사업을 비롯한
많은 것이 전쟁으로 망가지는 모습을 목격했다.
대학을 나와 언론인으로 일하다 1882년에 고향에서 신문을 창간했다.
1913년부터 1918년까지 미국 대사로 대영제국으로 건너가는데,
그 기간 중 제1차 세계대전이 일어났다.
전쟁 중 미국과 영국의 관계에 큰 역할을 해서
뛰어난 외교관으로 평가받는다.
미국 남부 지역의 낙후된 교육 문제에 깊은 관심을 가졌고,
농촌 계몽 운동에 적극적으로 참여했다.

페이지는 스타일스가 '게으름 병'에 대해 쓴 글을 진즉 읽었지만, 그 글을 대수롭지 않게 받아들였었다. 그가 고향에서 어릴 때부터 목격해 온 많은 이의 상황을 구충 하나로 설명할 수 있다는 게 납득이 되지 않았던 것이다.

스타일스는 언제나 자세한 이야기를 나눌 준비가 되어 있었다. 지난 6년 동안 계속 그래 왔다. 그는 페이지와 월리스에게 남녀노소 할 것 없이 200만 명 이상의 남부인들이 구충 감염의 피해자라고 말했다. 스타일스는 사람들이 어떻게 감염되는지를 설명하고, 그 기생충을 박멸하는 방법을 알려 주었다.

그날 이후, 시골연구위원회는 노스캐롤라이나주에서 공청회를 개최했다. 공청회 중에 페이지는 구충에 대한 이야기를 꺼냈다. 그는 지역 의사에게 노스캐롤라이나주의 구충병 감염 수준에 대해 물었다.

"여기서는 한 사례도 보지 못했습니다."

의사가 답했다.

스타일스는 그런 무지한 발언을 그냥 지나칠 수 없었다.

"지금 이 순간, 이 방 안에도 뚜렷하게 보이는 구충병 환자가 네 사람 있습니다."

이어서 스타일스는 이곳의 아이들이 무기력하고, "다른 지

구충병에 감염된 열아홉 살 소년

이 소년의 체중은 겨우 49킬로그램이었으며 너무 허약해서 걷는
것도 버거워했다. 사람들은 그가 생명을 다했다고 생각했다.
하지만 3주간 이어진 세 번의 티몰 치료 끝에
그는 몸속에 있던 구충을 말끔히 몰아낼 수 있었다.
그는 8킬로그램이 찌고 기력을 회복했다.
이 사례를 통해 스타일스는 대대적인 구충 박멸 운동으로 감염된 남부인
수백만 명을 건강하게 만들 수 있다고 확신했다.

역 아이들에 비해 건강 수준이 떨어진다"라고 대놓고 말했다.

스타일스의 답변은 청중을 충격으로 몰아넣었다. 다음 날 신문에 기사가 실렸다. 일간 신문지인 〈뉴스&옵저버〉가 그의 발언을 가차 없이 비판했다. 위원회가 노스캐롤라이나주에 도움이 되고 싶었다면, "열악한 소작농 체제 (…) 건강 시설과 학교 부족 그리고 공장의 아동 노동자 고용" 같은 현실적인 문제를 공부했어야지, 구충에 관한 "선입견을 선전해서는" 안 된다고 주장했다. 해당 신문의 사설에서는 "시골연구위원회는 우리 주에 나쁜 인상만 남기고 갔다"라고 평가했다.

노스캐롤라이나주의 주지사는 스타일스와 위원회가 자신의 지역을 모욕했다며 비난했다. 그의 발언이 "지역을 위한 게 아니라 깎아내리는 것처럼 보였다"라며, 상황을 잘못 전달했다고 다그쳤다.

신문과 주지사는 페이지를 비난하기도 했다. 페이지는 "본인이 태어난 곳을 비방했다"라는 부당한 비판에 분노했다.

스타일스는 자신을 향한 공격들을 무시했다. 자신의 경고가 많은 남부 의사에게 기생충의 존재를 깨우치고 어떻게 감염자를 구분할 수 있는지 보여 줬다는 사실을 알았기 때문이다. 의사들은 실제로 기생충을 찾아냈다.

페이지는 스타일스의 연구와 구충병 예방, 치료법에 대해 더 자세히 듣게 되자 그 중요성을 깨달았다. 남부인이 병에서 해방되어 더 의욕적으로 일하고 공부할 수 있다면, 그들도 빈곤에서 벗어날 수 있으리라 확신했다. 지역 경제 역시 혜택을 볼 것이었다.

페이지는 유명 인사들과 친분이 있었다. 자신의 친분을 이용해 그는 스타일스를 프레더릭 T. 게이츠에게 소개해 줬는데, 그는 스탠더드 오일사의 천만장자, 존 D. 록펠러 밑에서 일하고 있었다. 게이츠는 17년 동안 록펠러의 기부 사업을 관리해 오고 있었으며, 페이지는 록펠러가 구충 문제에 관심을 보일 것이라 생각했다. 이는 꽤 적절한 판단이었다.

천만장자 록펠러의 등장

록펠러 가문은 이미 남부 지역을 돕는 주요 사업을 시작하고 있었다. 1901년에 존 D. 록펠러의 아들, 록펠러 주니어는 열차로 남부를 여행하면서 다른 지역에 비해 이 지역 사람들의 문맹률이 높고, 특히 흑인의 문맹률이 높다는 사실을 발견했다. 이 상황을 바꿀 방법이 있을까?

1903년 록펠러는 게이츠의 도움으로 일반교육위원회^{GEB}를 설립했다. 이를 통해서 그들은 수천만 달러를 들여 남부의 초중등 교육을 개선했을 뿐만 아니라 기술 및 직업 학교도 지원

프레더릭 T. 게이츠

게이츠는 뉴욕 중부에서 태어났는데, 존 D. 록펠러가 태어난 곳과
약 30킬로미터도 안 되는 곳이었다.

1891년 목사로 일하며 자선 활동 경험을 쌓은 그는 록펠러를 비롯해
천만장자들에게 기부 활동에 관해 조언하는 일을 했다.

게이츠는 미국의 의학이 더 튼튼한 과학적 뿌리를 두어야 한다고 생각했다.
그리고 의학 연구를 지원하도록 록펠러를 독려했다.

록펠러는 그 제안을 순순히 받아들였다. 자신의 여동생, 딸
그리고 첫 손주가 어린 나이에 사망했기 때문이다.

더 발전된 의학 치료가 있었다면 목숨을 살릴 수도 있었다.

했다. 페이지는 이 위원회의 이사회 구성원이었다.

지역 사회가 학교를 운영하려면 세금이 필요했다. 그러려면 시골 지역의 경제가 이전보다 발전해야만 했고, 농업 생산량이 늘어야 했다. 이사회 사람들은 농부들이 개선된 농사법을 배워서 더 많은 곡식을 생산하고 수입을 늘릴 수 있는 방안을 찾는 데 집중했다.

게이츠는 구충병이 이 같은 노력을 방해할 수도 있다고 생각했다. 그는 의료 전문가 몇 명에게 스타일스와 구충에 관해 물었다. 이 과학자는 누구이며, '게으름 병'은 정말 신문에서 조롱하는 것 그대로인가?

그중 한 사람이 게이츠에게 이렇게 말했다.

"스타일스 박사가 그렇게 생각한다면, 분명 아주 중대하게 받아들여야 하는 사안일 겁니다."

덕분에 게이츠는 스타일스가 본인의 분야에서 존경받는 학자라는 사실을 확신할 수 있었다. 그래서 스타일스를 뉴욕으로 초대해 구충 연구에 대해 더 자세히 설명하도록 했다.

스타일스는 사진과 그림을 한가득 안고 게이츠의 사무실에 도착했다. 현미경과 기생충 표본까지 가져왔다. 이 자리에서 스타일스는 결정적인 단서들을 제시했다. 벌레들을 보여 줬고, 입에 달린 갈고리를 드러내 보였으며, 이 벌레의 완전한 일대기를 시각적으로 전달했다.

게이츠는 스타일스에게 미국에서 구충병에 걸린 사람이 몇이나 되는지 물었다.

"남부에는 200만 건의 감염 사례가 있을 겁니다."

스타일스는 기차 여행 중에 페이지에게 제시했던 수치를 반복해서 말했다. 또한 이것은 남부 탐방에 근거한 추정치에 불과하다고 덧붙였는데, 여태껏 공식적인 집계는 이루어진 적이 없기 때문이었다.

스타일스는 구충병이 남부에서 아주 흔하지만, 쉽고 저렴하게 치료할 수 있는 병이라고 말했다. 올바른 위생 시설만 갖추면 재발도 방지할 수 있었다. 푸에르토리코에서 애슈퍼드가 지휘한 구충 박멸 활동이 감염과 빈혈증을 줄일 수 있다는 사실을 증명했다. 스타일스는 50만 달러면 기생충을 없앨 수 있다고 말했다.

록펠러 위생위원회 결성

게이츠는 구충병을 뿌리 뽑으려는 운동이 록펠러 가문의 관심을 끌 수 있다는 확신을 안고 돌아왔다. 이 운동은 의학 연구는 물론 록펠러 가문의 다른 자선 사업에도 도움이 될 게 분명했다. 구충에 감염된 성인이 너무 쇠약해져 노동을 하지 못한다면, 그리고 아이들이 너무 아파 학교에 갈 수 없다면, 일반교육위원회의 목표는 무용지물이 된다. 구충병은 가족과 지역 사회를 빈곤 속으로 몰아넣고 그 지역의 경제를 해친다.

록펠러는 스타일스를 만나거나 스타일스의 기생충 발표를 들어 본 적이 없었다. 하지만 게이츠가 거듭 설득했고, 록펠러는 확신을 갖게 되었다. 결국 그들은 100만 달러를 기부하기로 결정했다(오늘날의 가치로 환산하면 2,900만 달러, 약 421억에 이른다).

이 프로젝트는 '구충병 박멸을 위한 록펠러 위생위원회'로 불렸고, 줄여서 '록펠러 위생위원회' 또는 RSC^{Rockefeller Sanitary Comission}라고 했다. 록펠러 위생위원회의 목표는 의사, 공중보건 종사자, 교회, 학교, 기업 그리고 언론과 힘을 합쳐 구충 박멸 운동을 벌이는 것이었다.

이런 선물 같은 일이 공식적으로 드러나기 전에 게이츠는 전부 제자리를 찾게 하고 싶었다. 그는 기생충이 남부 사람들 수백만 명을 감염시켰다는 스타일스의 선언을 비난하는 기사들을 접했고, 남부의 많은 사람이 이 주제에 민감하다는 사실을 깨달았다. 구충 박멸 프로젝트가 성공하기 위해서는 북부인이 모여 만든 단체가 남부의 잘못을 꼬집고 그것을 바로잡으려는 것처럼 보여서는 안 됐다.

그것을 염두에 둔 게이츠는 록펠러 본사가 위치한 뉴욕이 아니라 중립적인 도시 워싱턴에 위원회 사무실을 세웠다.

프로젝트가 성공하려면 관리자들이 남부인의 존경을 받아야 했다. 그래서 게이츠는 남부의 유명한 지도자들을 몇 명 초청해 이사회 자리를 제안했다. 이들 중에는 의사, 과학자, 교육자가 포함돼 있었다. 그러고는 스타일스가 그들과 이야기할 수 있는 자리를 마련했다.

구충에 관한 스타일스의 자세한 발표를 들은 사람들은 모두 이사회에 합류하는 것에 동의했다. 훗날 게이츠는 그들이 "어렸을 적 맨발에 생긴 원인 모를 상처를 그 즉시 이해하게 되었다"라고 말했다. 스타일스 덕분에 그들은 지독한 병의 원인을 알게 된 것이다.

"이들은 구충 박멸이 남부의 새로운 희망이 될 거라고 생각했다."

페이지는 게이츠에게 록펠러 위생위원회에 합류해 달라는 제안을 받고 기뻐하며 "이는 남부에 일어날 수 있는 가장 큰 특혜"라고 대답했다.

게이츠는 또한 스타일스에게 이사회의 구성원이 되어 줄 것을 부탁했다. 스타일스의 연구는 마침내 주목을 받게 된 것이다. 이로써 수년간 몰두했던 의학 문제를 해결할 수 있는 지원을 받을 수 있었다.

"이 선물은 록펠러 씨의 인생에서 가장 위대한 업적 중 하나로 꼽힐 겁니다."

스타일스가 기자에게 말했다.

"이 투자로 사망률이 줄고, 교육적 노력이 더 나은 결과로 이어질 것이며, 수십만 명의 사람이 훨씬 더 행복하고 건강해질 것입니다."

게이츠는 회장이 되어 열두 명의 이사회 구성원을 섭외했고, 드디어 록펠러 위생위원회 소식을 대중에게 알릴 준비가 되었다고 생각했다. 1909년 10월 26일, 록펠러는 새로운 이사들에게 편지를 보냈다. 편지에는 5년간의 자금 지원을 약속하며, 남부의 구충병을 통제하기 위해서 "공격적으로 운동을 펼칠 수 있도록 총 '100만 달러'까지 지원"하겠다고 적혀 있었다.

편지에는 록펠러 가문의 후원이 많은 이의 고통을 덜고, 특히 남부 사람들에게 도움이 되길 바란다고 쓰여 있었다. 록펠러는 조지아에서 겨울 휴가를 보내며 남부 지역과 "마음이 따뜻한 남부 사람들"에 대해 알게 되었다고도 했다. 선물과도 같았던 이 경제적 지원은 "친절하고 정이 많았던" 남부인들에 대한 그의 감사 표현이었다.

게이츠는 전국의 신문에 그 편지가 실리도록 했다.

게이츠가 우려한 대로 남부 사람들은 록펠러의 100만 달러 선물을 긍정적으로만 받아들이진 않았다.

어떤 신문에서는 이 새로운 프로젝트를 반겼다. 앨라배마주 신문은 구충 문제는 실존한다며, 수백 건의 감염 사례가 밝혀지고 치료되었지만 자신들의 지역에는 그런 활동을 꾸준히 지원할 자금이 없다고 밝혔다. 그러면서 "우리 지역은 스스로 문제를 해결하거나, 록펠러 씨의 자금을 활용해 문제를 해결하거나, 심각한 이 상황을 받아들이고 현 상태를 유지하거나" 셋 중 하나를 선택해야 한다고 지적했다.

하지만 그 외의 신문들에서는 북부의 개혁가들과 북부의 언론을 향해 분노를 표출했다.

"남부는 흙을 퍼먹는 끔찍한 아이들이 가득한 곳으로 비춰지고 있다. 남부를 아는 사람이라면 이 말을 조금이라도 믿을 수 있겠는가?"

테네시주의 한 신문에서는 스타일스가 200만 명의 남부 사람들이 감염되었다고 추측한 건 엄청난 과장이라고 반박했다. 록펠러는 기생충에 맞서기 위해 좋은 의도로 100만 달러를 기부했겠지만, "그 사건은 북부인의 머리에 자리 잡고 있던, 남부 백인들은 게으르다는 생각을 더 키울 것이다. 남부 사람들은 게으르지 않다"라고 했다.

한 사업가는 남부가 묘사되는 방식에 소리 높여 반박했다.

"지금 남부 지역의 청결도는 북부나 서부와 크게 다르지 않다."

한편 록펠러가 돈을 낭비하고 있다고 평가하는 사람도 많았다. 그들이 볼 때, 가난하고 무기력한 사람들은 게으르고 일하려는 의욕이 없었기 때문이었다.

"남부에는 타고나길 무능한 사람의 수가 기생충 수보다 더 많을 것이다. 모든 의회가 덤빈들 스스로를 돕지 못하는 사람을 도울 수 없다."

감리교의 저명한 지도자, 워런 캔들러 감독은 조지아주의 한 신문에서 이렇게 말했다.

"온갖 종류의 개혁, 치료 그리고 계몽 활동을 위해 남부를 지목하는 관습은 우리에게 이익이 안 된다. (…) 록펠러 씨는 우리의 머리와 배를 전부 점령해 뇌에서는 무지를, 장에서는 기생충을 몰아내겠다고 한다."

캔들러 감독의 편지는 남부의 다른 많은 신문에도 실렸다.

록펠러가 신발 사업에 투자하려고 계획하고 있기 때문에, 남부인에게 신발을 신게 만들려는 속셈이라는 근거 없는 소문도 돌았다.

게이츠는 록펠러 위생위원회의 활동이 쉽지 않을 것이란

사실을 직감했다. 게다가 중요한 자리가 아직 공석이었다. 바로 위원회를 이끌며 매일 프로젝트를 관리할 사람이었다. 남부의 분노를 누그러뜨리기 위해서는 아주 신중하게 다음 선택을 해야 했다.

스타일스는 구충 전문가이자 전염병을 처음 발견하고 공론화한 사람이었다. 그가 기생충에 맞서는 이 운동을 이끌 가능성이 컸다. 하지만 게이츠는 스타일스가 의사들에게 오만하고 대중 심리에 둔감하다는 걸 알고 있었다. 한 신문사 인터뷰에서 스타일스는 기자에게 이렇게 말했다.

"시골 학교와 교회는 남부 지역의 망신이고, 크게 보면 나라의 망신입니다."

그러면서 남부 사람은 "구충병을 옮기는 위험한 매개체"라고도 했다. 거기에다 면직 공장에 대한 스타일스의 발언은 힘 있는 아동 노동 개혁가들의 분노를 자아냈다. 게이츠는 이 중 어느 한 단체와라도 껄끄러워진다면 록펠러 위생위원회는 성공할 수 없으리라는 걸 알았다.

게이츠는 스타일스가 언론이나 대중을 상대하지 않도록 하고, 그의 역할을 의학 및 과학 공동체를 대표하는 데 그치도록 했다. 스타일스는 록펠러 위생위원회의 과학적 자문가로 일하면서 공중보건 및 해양 의료청에서의 직책을 유지했다.

게이츠와 이사회 구성원들은 내슈빌 대학교의 교수이자

학과장인 위클리프 로즈를 록펠러 위생위원회의 회장으로 결정했다. 로즈는 남부 교육계, 즉 구충병 교육에 반드시 필요한 집단에서 존경받는 인물이었다. 로즈는 스타일스에게 없는 두 가지 중요한 성품을 갖춘 사람이기도 했다. 바로 겸손과 요령이다. 로즈가 바로 적임자였다.

위클리프 로즈

미국 동남부 테네시주에서 태어난 로즈는 내슈빌 대학교의
철학 및 역사 교수이자 학과장이었다. 그는 남부의 공교육을
개선하는 데 앞장서는 단체에서 활동했다.
1909년 12월, 로즈는 록펠러 위생위원회의 사무총장이 되었다.
그리하여 공중보건 캠페인, 위생 교육을 주도했다.
1913년에는 국제보건위원회의 초대 이사장이 되어
오늘날 국제 보건 사업의 토대를 마련했다.

존 D. 록펠러는 누구인가

존 D. 록펠러와 그의 아들,
존 D. 록펠러 주니어.

존 D. 록펠러는 뉴욕 중부의 리치퍼드라는 마을에서 태어났다. 록펠러가 어렸을 때 가족은 그 지역의 여러 마을로 이사를 다녔다. 1853년, 록펠러의 아버지는 가족을 데리고 오하이오주 클리블랜드에 정착했다. 열여섯 살이 된 록펠러는 조그만 택배 회사에서 직원으로 일하며 사업의 세계에 발을 들였다.

1859년 펜실베이니아주 타이터스빌에서 미국 최초로 석유 원액을 퍼내는 사업이 시작되자 주변 곳곳에서 원액을 정제하는 회사가 생겨났다. 록펠러는 1863년, 그 회사 중 하나에 투자를 했다. 그는 상황 판단이 빠르고 성실했고, 정유 산업이 발전하면서 록펠러의 사업도 함께 발전해 나갔다. 1870년에 록펠러는 스탠더드 오일사를 설립했다. 그리고 몇 년 지나지 않아 스탠더드 오일사는 미국 내 거의 모든 석유 회사를 소유하게 되었다. 록펠러는 곧 전 세계에서 손꼽히는 부자가 되었다.

1902년, 기자였던 아이다 타벨이 잡지 〈매클루어스〉에 스탠더드 오일사의 역사에 관한 시리즈 기사를 기고했다. 타벨의 시리즈 기사는 1904년 단행본으로

출간되었다. 미국인들은 록펠러가 비윤리적인 방법까지 써가며 경쟁자를 무너뜨리고 정유 시장을 독점한 방법에 대해 알게 되었다.

　록펠러를 향한 대중의 분노가 점점 커졌다. 당시 미국 사람들 모두가 록펠러 회사의 제품을 썼다. 록펠러가 만든 등불용 석유를 사야 했고, 경쟁자가 없었으므로 록펠러가 마음대로 매긴 가격을 지불해야만 했다.

1901년 2월 27일 잡지 〈퍽〉에 실린 그림이다. 스탠더드 오일사가 운영하던 석유 회사, 철도 회사로 만들어진 왕관을 쓰고 있는 록펠러의 모습이다. 그의 석유 산업 독점권을 향한 신랄한 비판이 쏟아졌다.

1905년 5월 3일 〈퍽〉에 실린 그림이다. 독실한 자선가이자 비싼 가격으로 석유를 팔아 사람들을 쥐어짜는 사업가였던 록펠러의 양면성을 꼬집고 있다.

　　1911년 3월, 미국 대법원은 스탠더드 오일사가 불공정하게 거래를 방해하고 있다는 하급 법원들의 판단에 동의했다. 대법원은 스탠더드 오일사를 서른 개의 회사로 분리할 것을 명령했다. 하지만 록펠러는 여전히 자신의 수많은 회사에서 돈을 벌었고, 그를 향한 논쟁과 비판이 계속되었다.

록펠러의 책임감

록펠러는 어머니의 가르침 덕분에 아주 신실한 신앙심을 갖고 있었다. 자신이 성공한 이유는 하나님 덕분이라고 생각해 벌어들인 돈을 도움이 필요한 사람에게 기부해야 할 책임을 느꼈다. 십대부터 평생에 걸쳐 그는 자선 단체에 돈을 기부했다. 처음에는 보통 교회와 연관된, 특히 자신이 믿던 감리교회의 교인들이 수혜자였다. 그러다가 부를 더 축적하면서 기부 범위를 확장했다.

자금 지원을 요구하는 수천 건의 요청이 몰려들었다(한 달에 5만 건이 넘을 때도 있었다). 록펠러는 그 모든 요청을 검토하고 가장 가치 있을 만한 기부처를 고르는 일이 벅차게 느껴졌다. 결국 1891년 게이츠를 고용해 자신을 보조하도록 했다.

록펠러는 구충 박멸 운동을 지원한 것뿐만 아니라 시카고 대학교와 스펠먼 대학교 등 교육 기관에도 자금을 지원했다. 애틀랜타에서 흑인 여성을 교육하던 스펠먼 대학교는 자신의 아내였던 로라 스펠먼과 그녀의 부모님 이름을 딴 것이다. 스펠먼의 부모님은 남북 전쟁

이전에 반노예 운동가로 활동했던 사람들이었다. 또한 록펠러는 의학 연구를 위한 록펠러 전문학교도 설립했는데, 오늘날의 록펠러 대학교다.

1913년, 게이츠의 격려에 힘입어 록펠러는 록펠러 재단 아래에 있던 여러 자선 단체를 하나로 통합해 미국과 전 세계를 무대로 한 기부 활동을 계속했다.

록펠러는 다섯 명의 자식을 두었다. 그중 유일한 아들이었던 존 D. 록펠러 주니어는 1897년에 가족 사업과 자선 활동에 참여했다.

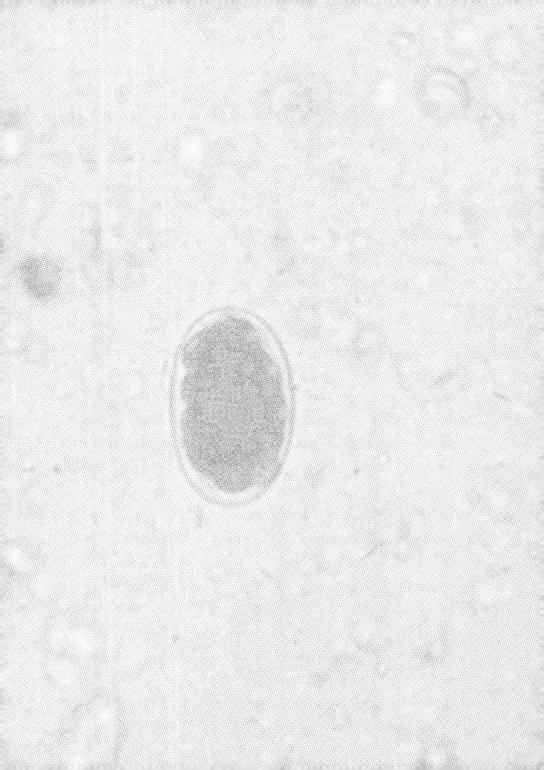

7장
구충 박멸 운동

> " 진료소들의 풍경은 몹시 흥미롭고
> 마음을 들뜨게 했다. "

– 프레더릭 T. 게이츠, 록펠러 위생위원회 설립자

로즈가 록펠러 위생위원회를 운영하는 자리를 수락했을
때, 그는 게이츠와 록펠러의 생각을 짐작하고 있었다. 그 당시
미국 남부에는 좋은 환경을 갖춘 보건소가 존재하지 않았다. 록
펠러 위생위원회는 구충병에 맞서며 보건 체계를 구축할 수 있
도록 지원하고자 했다. 대신 5년 후에 위원회가 해체되고 지원
금이 고갈되고 나면, 각 주에서는 자체적으로 구충 박멸 운동을
벌여야 했다.

　　스타일스는 남부 주 열한 곳의 보건 책임자에게 구충 문제를 알려 주었다. 그들은 록펠러 위생위원회에 도움의 손길을 요청했다. 1910년 로즈는 이 프로젝트를 시작하기 위해 참가 의지를 밝힌 주들을 방문했다.

　　록펠러 위생위원회와 각 주의 보건 공직자들은 위생 감독관을 지명해 구충 박멸 운동을 감독하도록 했다. 감독관은 주로 그 주 보건국의 의사였다. 그들은 환자를 치료하고 공공 의료 연구를 해본 경험이 있었다.

　　지명된 감독관은 '위생 조사관'이라고 불리는 보조 인력을 세 명에서 여섯 명 정도 뽑았다. 그들의 임무는 지역의 곳곳을 돌아다니며 현지 의사 및 대중과 만나는 것이었다. 이들은 대부분 막 의학 대학을 졸업한 20대에서 30대 초반의 사람들이었고, 전부 백인이었다. 남부인들이 자신들의 상황에 관여하는 북부인들에게 어떤 감정을 갖고 있는지 알고 있던 로즈는, 위생 조사관을 전부 남부에서 나고 자라 교육을 받은 이들로 구성한 것이다.

　　각 주의 보건부에서는 록펠러 위생위원회가 준 자금으로 위생 조사관들의 월급을 지급했다. 로즈는 각 주가 구충 박멸 운동의 얼굴이 되어 줄 것을 당부했다. 록펠러와 위원회를 드러내지 않으려 했던 것이다. 그래서 이 활동에 대한 어떠한 신문 인터뷰도 진행하지 않았다.

록펠러 위생위원회는 구충병을 통제하려면 현지 의사가 지역 사람들을 진단하고 치료해야 한다는 사실을 깨달았다. 로즈는 1910년 위원회 보고서에 이렇게 썼다.

"구충병 박멸은 막대한 과제이며, 달성하기 위해서 수년이 걸릴 것이다. 자신의 영역에서 각자 똑똑하게, 인내심 있게, 꾸준히 일하는 의사들이 있어야만 가능한 일이다."

스타일스의 노력에도 불구하고 여전히 수많은 현지 의사가 구충병에 무지했으며 환자의 증상을 알아채지 못했다. 의사들은 구충병이 심각한 질병이 맞는지 의심했다. 결국 구충 박멸 운동이 성공하려면 의사부터 교육을 받아야 했다.

위생 조사관은 지역 의사 및 보건 공직자와 관계를 쌓았다. 각 보건국은 지역 의사들에게 구충병을 진단하고 치료하는 방법과 기생충이 어떻게 퍼지는지 설명하는 정보를 전달했다. 스타일스는 록펠러 위생위원회의 과학 자문가로서 이 일의 책임을 맡았다.

주 감독관과 위원회 위원들은 의과 대학과 의사들의 모임에 나가 강의를 했다. 록펠러 위생위원회가 출범한 첫해에 스타일스 혼자서만 구충병에 대해 246번의 연설을 했다. 그 결과 점점 더 많은 남부 의사가 자신의 지역 사회에 존재하는 그 질병

위생 조사관들

이들은 멀리 시골 지역까지 말이나 마차를 타고 갔다.
가끔 오지 사람들이 이 낯선 방문자들을 의심하고 위협하기도 했지만
위생 조사관들은 친근한 말과 사진, 현미경으로 그들을 안심시켰다.

의 존재를 받아들이기 시작했다.

첫해가 거의 끝나갈 무렵, 로즈와 게이츠는 록펠러 위생위
원회가 일구어 낸 발전에 만족했다. 게이츠는 록펠러에게 구충
박멸 운동이 지금까지 성공적으로 진행되고 있다고 보고했다.

"인류는 엄청난 난관에 부딪혔습니다. 그러나 우리의 활
동은 이 난관을 뚫고 전 세계로 뻗어 나갈 것입니다."

구충을 박멸하기 위한 위원회의 전략은 게이츠, 로즈, 스타일스가 주로 짰다. 먼저 록펠러 위생위원회는 남부 주 열한 곳에서 작은 지역별로 구충병이 어디에 존재하는지 파악했다. 그러고 나서 2,400만 명에 달하는 인구 중 몇 명이 감염이 되었을지 추정했다. 그다음에는 감염된 사람들을 치료했다. 마지막으로 감염의 원천을 없애 구충병이 미래에 다시 재발되는 걸 막았다. 이는 토양 오염을 막는다는 뜻이었다.

첫 번째 목표를 달성하기 위해 각 주의 감독관은 지역 의사들에게 편지를 보내 그들이 목격하고 치료했던 구충병 사례를 보고하도록 했다. 추가 정보를 수집하기 위해서 현장에 나가 있던 위생 조사관들은 인구 표본을 검사하며 지역 곳곳을 조사했다.

스타일스가 자신은 환자의 겉모습만 보고도 구충병을 진단할 수 있다고 했지만, 조사관들은 현미경으로 환자의 대변을 살펴 구충의 알이 보이는지 그 증거를 찾으려 했다. 각 주의 보건국은 록펠러 위생위원회에서 지원받은 자금으로 현미경 전문가들을 훈련시켰다. 그리고 의사들이 보건소로 보낸 대변 표본을 검사했다.

1911년 12월 말, 록펠러 위생위원회는 정보를 취합해 최

현미경 전문가들

호기심 어린 눈빛으로 현미경 전문가들을 둘러싼 마을 사람들.

소 200만 명에 이르는 남부인이 구충에 감염돼 있다고 추정했다. 이들은 연령과 사회 및 경제적 계급을 가리지 않았다.

노스캐롤라이나주에서 진행된 연구에서는 5,000명 이상의 사람을 표본으로 삼았고 그중 43퍼센트가 감염되어 있다는 걸 확인했다. 앨라배마주·조지아주·사우스캐롤라이나주 역시 40~50퍼센트의 감염률을 보였다. 또 어떤 주에서는 모든 지역에서 구충병 사례가 발견되었다. 전교생이 감염된 시골 학교도 많았다. 이렇게 되자 처음에 스타일스의 주장을 무시했던 언론과 사람들도 구충 문제를 인정할 수밖에 없었다.

록펠러 위생위원회의 두 번째 목표는 감염된 사람을 치료하는 것이었다. 이를 위해 남부 사람들에게 구충이 실제로 존재하는 위협이라는 사실을 확실히 알려야 했다. 남부 사람들은 대체로 구충의 존재를 믿지 않았다. 눈으로는 기생충을 볼 수가 없었기 때문이다. 사람들은 자신이 기생충에 감염되었다는 주장에 분노하며 검사를 받거나 치료받는 것을 거부했다.

구충이 있다는 것을 증명하기 위해서 위생 조사관들은 교회, 여성 단체, 공무원, 학교 등 여러 지역 사회의 단체와 이야기를 나누었다. 의사들은 누구나 이해할 수 있는 쉬운 단어를 사용해서 기생충의 생애 주기와 구충병의 증상을 묘사했다.

사람들을 불러 성충의 사진을 보여 주고, 현미경으로 기생충의 알과 유충을 살펴볼 수 있도록 했다. 조사관들은 구충이 오염된 토양을 통해 퍼지며, 피부가 붉어지는 남부 사람들의 흔한 증상이 '미국의 살인자'가 몸에 침투했다는 불길한 징후라고 설명했다. 그리고 티몰을 이용하면 병이 어떻게 쉽게 치료되는지도 이야기했다.

위생 조사관은 지역의 지도자, 성직자, 교사, 의사와 이야기하면 누가 구충병에 걸렸는지 짐작할 수 있었다. 그러면 현미경 전문가와 함께 감염자로 의심되는 사람들의 집을 방문했다.

조사관은 성충이 담긴 병을 들고 가서 자신들을 병들게 했을지 모르는 존재를 가족이 직접 보도록 했다. 현미경 전문가가 배변 표본에서 구충의 알을 찾아내면, 조사관은 감염자에게 의사를 찾아가 티몰 치료를 받으라고 권했다. 하지만 의사가 없을 경우에는 조사관이 직접 치료를 하기도 했다. 다음 단계는 가족들이 위생을 개선하고 신발을 신어서 재감염을 막을 수 있는 방법을 의논하는 것이었다.

어떤 위생 조사관은 치료 전 환자의 사진을 찍고, 치료가 끝난 몇 주 후 다시 사진을 찍었다. 그러면서 다른 감염자들을 찾아갔을 때 그 사진을 보여 주었다. 그러면 사람들은 눈에 띄는 변화에 놀라워하면서 치료에 참여하는 경우가 많았다.

로즈는 남부 출신이라 이 지역에 인종 차별이 있다는 걸 알고 있었다. 그리고 이 편견 때문에 위생위원회의 일이 실패해선 안 된다고 생각했다. 위생 조사관들은 모든 인종을 검사하고 치료했으며, 록펠러 위생위원회는 통계와 기록에서 환자의 인종을 표기하지 않았다. 로즈는 앨라배마주 보건 감독관에게 이렇게 말했다.

"제가 좋게 보는 점 중 하나는, 인종을 드러내는 어떤 표시도 없이 일이 진행되고 있다는 것입니다."

하지만 이 시기 남부는 흑백 분리 정책(학교, 화장실, 버스 등의 공간을 흑인 전용과 백인 전용으로 강제로 나눈 차별적인 정책)을

실시하고 있었다. 그래서 조사관들이 찾아가는 단체, 학교에는 137

이미 인종이 분리되어 있었다.

언론의 공포심 전략

1911년 6월, 로즈는 버지니아주 위생 조사관과 함께 한 지역에 방문해 구충 박멸 운동이 어떻게 진행되고 있는지 직접 확인했다. 조사관과 그의 팀은 1년 동안 감염자들을 치료하고 사람들에게 구충병에 관해 교육했다. 그 지역의 취학 연령 아동을 조사하자 열에 여덟 이상이 구충에 심각하게 감염돼 있다는 사실이 드러났다.

로즈는 조사관과 함께 여러 가정을 방문했다. 그곳에서 자신의 아이들을 심각한 빈혈증으로 떠나보낸 부모들을 만날 수 있었다. 이들은 나아질 수 있다는 삶의 희망을 저버린 상태였다. 하지만 조사관이 가족을 치료하자 어른들은 다시 일을 하고, 살아남은 아이들은 학교에 다닐 수 있었다.

로즈는 게이츠에게 쓴 편지에서 이렇게 말했다.

"제가 이곳에서 목격한 결과들은 단순히 만족스러운 것을 넘어 제 마음을 크게 흔들었습니다. 앞으로 5년 안에 심각한 감염에 시달리던 지역의 모습이 몰라볼 정도로 바뀌고, 새로운 사람들과 깨끗한 토양을 볼 수 있으리라 예상합니다."

하지만 그렇게 되기 위해서는 구충 박멸 운동이 남부 사람들 사이에 더 널리 퍼져야 했다. 로즈는 여론을 형성하는 데 언론이 중요하다는 사실을 이해했다. 록펠러 위생위원회와 주 감독관들은 신문사에 연락했고, 기사를 보내면서 그 자료를 공익을 위해 써주길 부탁했다. 사정없이 밀어붙이자 효과가 있었다.

남부의 신문들이 구충병의 원인과 치료법을 포함한 정보를 대대적으로 보도했다. 쇠약해지고, 배가 부풀며, 극심한 허기를 느끼고, 몹시 지치는 것, 성장이 더딘 증상에 대해 자세히 설명했다. 이는 자신과 가족이 이러한 증상을 겪고 있다고 생각하는 남부 사람들에게 관심을 얻었다.

테네시주의 한 신문에 이런 글이 실렸다.

"이 질병 때문에 많은 아이가 혈색을 잃고, 정신과 신체 모두 제대로 자라지 못했다. 그리고 수많은 성인이 만성적으로 병약해졌다."

이런 기사들은 사람들에게 주로 공포심을 심는 전략을 썼다. 몸속의 소장벽에서 피를 빨아 먹는 기생충에 대한 대대적인 보도는 악몽을 만들어 내기에 충분했다. 1912년, 미시시피주 신문 기사를 읽은 젊은 독자는 "벌레라기보다는 악질 방울뱀을 닮은 아주 커다란 암컷 구충과 묘지 언저리에 비스듬하게 서 있는 무기력한 소년을 묘사한 삽화는 피를 얼어붙게 만들었다"라고 표현했다.

　구충병을 무시한 결과는 참혹했다. 언론에서는 이 질병의 피해자는 폐결핵과 폐렴 같은 치명적인 질병에 걸릴 경우 버틸 수 없을 거라고 경고했다.

　실제 감염자들의 사연은 아주 절망적인 경우라도 치료될 수 있다는 걸 증명했다. 치료 전후 사진은 치료로 얻을 수 있는 혜택을 보여 줬다. 바로 건강한 신체와 행복한 가족이었다.

　주 보건국은 무료 팸플릿을 인쇄했고, 매년 주민들에게 수천 장을 배포했다. 팸플릿은 구충병에 대한 기본적인 정보를 담고 있었고, 문답 형식인 경우가 많았다. 기생충과 위생적인 변소를 그린 그림도 포함돼 있었다.

　앨라배마주 보건국에서 배포한 팸플릿에는 신발을 신지 않은 가족 일곱 명의 사진이 담겨 있었다. 이들이 모두 심각한 수준으로 구충에 감염돼 있다고 설명했고, 또 이렇게 덧붙였다.

　"세 명의 아이가 목숨을 잃었습니다. 깨끗한 변소가 없었기 때문에 그들이 치러야 했던 값은 세 목숨과 세 번의 장례식이었습니다."

북적이는 자선 진료소

1911년 12월, 미시시피주 컬럼비아의 위생 조사관은 사람들이 구충병에 관한 검사와 치료를 받을 수 있도록 관심을 끌고, 관련 교육까지 받을 수 있도록 하는 새로운 방법을 시도했다. 지역 위생국을 설득해 땅을 기부받고 그곳을 자선 진료소, 즉 무료 의료 시설로 꾸민 것이다.

지역 공무원들은 약품을 마련하고 자선 진료소 운영 시간을 홍보할 수 있도록 자금을 지원했다. 위생 조사관은 환자를 도울 지역 의사를 채용하고, 구충 샘플 진열 공간, 현미경, 검사 구역을 추가로 마련했다.

무료로 검사와 치료를 받을 수 있다는 소식을 들은 사람들은 자선 진료소로 모여들었다. 다섯 달 남짓한 기간 동안 1,000명의 사람들이 치료를 받았는데, 지금껏 현장 팀이 치료했던 환자들보다 훨씬 더 많은 수였다. 그러자 미시시피주의 다른 지역에서도 자선 진료소를 세웠고, 그다음 몇 달 동안 수천 명의 사람들이 치료를 받았다.

로즈는 자선 진료소가 병원에 갈 수 없는 가난한 사람들까지 아우를 수 있는 효과적인 방법이라는 사실을 깨달았다. 그래서 다른 주에도 자선 진료소를 세우도록 제안했다. 하지만 지역 정부가 약품이나 홍보에 들어가는 비용을 함께 부담해 주지 않

자선 진료소에 온 사람들

미시시피주 자선 진료소에 방문한 사람들이 카메라를 향해
포즈를 취하고 있다. 이날만 247명이 치료를 받았다.

현미경 전문가와 기술자들

이들은 대변 표본에서 구충의 알과 죽은 성충을 찾는 임무를 맡았다.
어떤 지역에서는 여성도 고용했지만, 남성보다는 보수를 적게 주었다.
사진 속 여성들은 호텔 로비에 설치된 자선 진료소에서 일했다.
구충 포스터가 호텔의 예술 작품들 사이에 걸려 있다.

는다면 록펠러 위생위원회도 현장 인력을 유지할 수 없었다. 록펠러와 게이츠에게는 지역 사회가 구충 박멸 운동에 헌신하는 것이 중요했다.

남부 전역에 걸쳐서 현장 팀들이 학교, 정부 청사, 호텔, 심지어는 길가 한쪽에 임시 자선 진료소를 세웠다. 한 명 이상의 조사관들이 지역마다 네다섯 곳의 진료소를 운영했으며, 그곳 의사들의 도움을 받았다. 의사들은 몇 주간 일주일에 한 번씩 각 진료소를 방문했다.

지역 정부는 신문, 우편 그리고 공지를 통해 각 진료소의 위치와 운영 시간을 알렸다. 현장 인력들은 장관, 교사, 지역 사회 지도자들이 진료소를 방문해 주길 요청했다. 한 신문에서는 독자들의 방문을 촉구하기도 했다.

"여러분과 아이들의 건강 그리고 앞으로의 훨씬 큰 번영과 행복을 찾는 일입니다."

사람들은 현미경으로 구충의 알이 있는지 검사받기 위해 대변을 약간 가져와야 한다는 안내를 받았다. 공직자들 역시 자신들의 대변 표본을 진료소로 가져왔다. 켄터키주의 주지사는 직접 진료소에 대변 표본을 가져왔고 이 일을 신문에 기사로 싣도록 했다.

이윽고 수 킬로미터씩 멀리 떨어져 사는 사람들도 말을 타거나 걸어서 진료소를 찾았다. 어떤 가족들은 가장 좋은 옷을

Free Hookworm Treatment !

(GREATLY ENLARGED VIEW OF THE FEMALE HOOKWORM)

MARION COUNTY has appropriated money for the FREE TREATMENT of hookworm disease. This disease is now known to be responsible for a great deal of trouble among the people of our valley, and the County and State are doing their part to help the people get rid of it. DR. JUSTIN E. LACY, the State Expert, will be in charge of the dispensaries in this County, and he will show everyone the most courteous attention.

There will be a chain of five dispensaries run for a period of four weeks, then they will be moved to five other places for a similar period, and so on until the county is thoroughly covered. Little, big, old and young should be examined to see if they have this hideous infection.

The first chain of dispensaries will be at the following places and dates:

WHITWELL, TUESDAY, ... AUG. 13, 20 and 27   KETCHALL, FRIDAY, ... AUG. 8, 16, 23 and 30
VICTORIA, WEDNESDAY, ... AUG. 14, 21 and 28   JASPER, SATURDAY, ... AUG. 9 17, 24 and 31
INMAN, THURSDAY, ... AUG. 15, 22 and 29

Come Early As It Sometimes Takes Several Treatments To Get Rid of the Infection

자선 진료소를 홍보하는 신문 기사

진료소 운영 시간, 위치를 포함해 눈길을 사로잡는
암컷 구충 삽화를 포함하고 있다.

갖춰 입고 마차에 몸을 실은 채 30킬로미터도 넘게 달려왔다. 미시시피주에서는 소년 세 명이 매주 지역의 진료소를 찾아왔는데, 어린 수소를 타고 왔다.

위생 조사관은 사진과 포스터, 구충 표본을 보여 주면서 사람들의 관심을 사로잡았다. 진료소를 찾는 사람 중 어른이든, 아이든 글을 읽을 줄 모르는 이들이 있었기 때문에 이런 시각 자료는 메시지를 전달하는 데 도움이 되었다. 위생 조사관은 티몰로 치료된 사람들이 나서서 사람들에게 자신의 경험을 이야기해 달라고 부탁했다.

시간이 지나자 자선 진료소는 즐거운 모임 장소로 바뀌었다. 방문객들은 점심을 싸서 오는 경우가 많았고, 종일 머물면

> **NORTH CAROLINA STATE MEDICAL DISPENSARY FOR THE FREE TREATMENT OF THE HOOKWORM DISEASE.**
> DR. PLATT W. COVINGTON IN CHARGE. F. W. CONNOR, MICROSCOPIST.
>
> **DIRECTIONS TO PATIENT.**
>
> At night, after supper, take a large dose of Epsom Salts. Eat no breakfast the following morning. Instead, take one-half of all the Capsules at 6 a. m., the others at 8 a. m., and at 10 a. m. take a full size dose of Salts. Lie on right side for 30 minutes after taking capsules. It is DANGEROUS to take anything except water while the capsules are in the body. A light dinner may be eaten after the last dose of salts acts well.
>
> *If either dose of Salts fails to act well, take another and larger one.*
>
> **A PRIZE OF THREE DOLLARS WILL BE GIVEN TO THE ONE WHO RETURNS TO THE DISPENSARY WITH THE LARGEST NUMBER OF WORMS IN A BOTTLE.**

자선 진료소에서 만든 안내 카드

대변에서 구충의 알이 발견되면, 무료로 티몰과 엡솜염을
처방받고 집에서 어떻게 먹어야 하는지 복약 안내를 받았다.
치료를 받은 환자는 얇은 천으로 대변을 걸러 구충을 모으고,
그걸 병에 담아 다시 진료소로 가져와야 했다.
가장 많은 구충을 모아 온 사람은 경품을 받았다.

서 친구나 이웃과 어울렸으며, 찬송가를 부르기도 했다.

공짜 치료의 확실한 효과

로즈는 위생 조사관들이 주 감독관들에게 보낸 보고서를 읽
으면서 기뻐했다. 어떤 지역에서는 주민의 절반 이상이 자선 진
료소를 찾았다. 현장에서 일하던 의사들은 태어난 지 3개월 된

아이부터 아흔네 살이 된 노인에게서까지 구충을 발견해 냈다.

지역 정부 청사 마당에 설치한 켄터키주 자선 진료소 한 곳에는 수천 명이나 되는 사람들이 나타났다. 지역 의사들이 전부 참여했다. 위생 조사관은 이렇게 말했다.

"표본을 총 881개나 수집했다. 지역 전체가 크게 변한 것이다."

치료된 환자들의 사연은 록펠러 위생위원회 사람들에게 큰 힘이 되었다. 병들고 쇠약했던 소년이 각기 다른 열두 명의 의사에게 치료를 받았지만, 전부 효과가 없었다. 그런데 티몰을 처방받고 나자 빠르게 기력을 되찾고 몸무게가 늘었다.

스물여섯 살의 목수는 5년간 고통을 받다가 기력이 크게 쇠해 하루에 겨우 몇 시간밖에 일하지 못하는 상황에 이르렀다. 그러다가 구충 치료를 받고 기력을 되찾아 좋은 급여를 받는 정규직으로 다시 일할 수 있었다.

테네시주에 살던 어떤 사람은 가족 열 명과 자신의 병을 치료해 보겠다고 효과도 없는 엉터리 약에 몇 년간 1,500달러도 넘는 돈을 썼었다. 그러다 자선 진료소에서 현미경 검사로 그들이 전부 구충에 심각하게 감염된 상태라는 것이 밝혀졌다. 티몰 치료로 마침내 가족이 건강을 되찾을 수 있었다.

구충이 사라지고 나면 보통 일주일에 0.5킬로그램씩 몸무게가 늘었다. 이런 결과에 감염자와 가족 그리고 이웃들은 놀랄

온 가족이 감염된 마을

이 가족은 티몰 치료를 받기 전까지 모두 심각하게 감염된
상태였다. 이 지역에서는 자선 진료소를 통해 2,000명
이상의 사람들이 검사를 받았는데, 그중 60퍼센트나
구충에 감염돼 있었다.

수밖에 없었다. 그들의 겉모습과 기력이 얼마나 변했는지 보고
나면, 다른 사람들도 자선 진료소를 찾아 검사를 받으려 했다.

자선 진료소는 가난한 사람들의 구충병을 치료해 주는 곳
이상의 장소가 되었다. 병원이 해야 할 다른 진료들도 아울렀
다. 중요한 것은 자선 진료소가 지역 사회의 모든 구성원에게
구충 교육을 할 수 있는 효과적인 수단이었다는 점이다.

록펠러 위생위원회는 세 가지 목표를 달성해 가고 있었다.
하지만 가장 어려운 목표가 남아 있었다. 구충이 다시는 퍼지지
못하도록 막는 것이다.

NOTICE!

The State Board of Health, acting with Columbus County will open a field hospital for the treatment of HOOKWORM and other such diseases, at the following places in the county, on the dates named below:

Chadbourn, July 10th to 16th.
Whiteville, July 17th to 23rd.
Fair Bluff, July 24th to 30th.
Tabor, August 1st to 7th.
Lake Waccamaw, August 6th to 14th.
Freeman, August 14th to 21st.

There will be two wards in this hospital, one for males and one for females. A physician from the State Board of Health will be in charge of the hospital and an expert from the State Laboratory of Hygiene will be present to do the microscopic work.

A lady chaperone will be in charge of the female ward and every courtesy and attention will be given all persons, rich or poor.

There will be illustrated lectures and demonstrations on sanitation daily. These will be in plain simple terms that any one can understand and any one can also see the workings of that wonderful instrument, the microscope, by simply asking the man in charge. We want every man, woman and child to be examined while the hospital is in his or her section.

Many of the bad feelings people have, are due to hookworm and we have found that about half of the people are infected.

This is Absolutely FREE---The State and County Are Paying For It.

So many people have been found infected and the results are so certain and so wonderful that the County and the State feel that it is worth dollars and cents to them to restore so many of their people to health and strength.

Come out on the dates named and see what is being done. Don't think it is the other fellow who needs this. It may be you. Bring a small bit of your bowel movement with you to be examined with the microscope. It may be worth many dollars or may be life itself to you or your child. You will have only this one chance for free treatment.
Respectfully,

DR. C. L. PRIDGEN, State Board of Health.

자선 진료소 공지

지역 주민들에게 무료 자선 진료소가 열린다는 것을 알리는 공지
글이다. 치료비가 공짜고, 결과는 확실하다는 것을
강조하고 있다. 여기에는 전혀 드러나지 않지만,
이 진료소를 만든 것은 록펠러 위생위원회였다.

완치된 감염자들

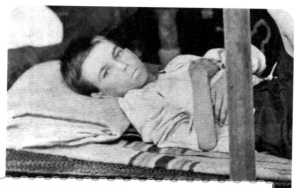

1911년 7월, 셀마 엘리스는 들것에 실려 지역 자선 진료소에 왔다.

너무 쇠약해서 걸을 수도, 심지어 앉을 수도 없었다.

모두 그가 곧 목숨을 잃을 거라 생각했다.

엘리스는 열여섯 살이었지만, 신체 발달은 어린아이의 수준이었다.

몸무게는 28킬로그램에 키는 140센티미터에 불과했다.

가족들은 엘리스가 인생의 절반은 아프고 무기력한 상태로 지내 왔다고 했다.

엘리스는 일을 하거나 학교에 갈 수 없었다.

위의 사진에서 엘리스는 진료소의 간이침대에 누워 있다. 의사들은 엘리스의

대변에서 많은 양의 구충 알을 발견했다. 심각한 구충 감염으로

진단을 받은 엘리스는 처음에는 임시 진료소에서 치료를 받았지만,

그 진료소가 문을 닫고 말았다. 치료가 더 필요했으므로

그는 공중보건 및 해양 의료청 산하의 해양 병원으로 옮겨 갔다.

스타일스는 엘리스의 배설물에서 구충의 알이나 성충이 더는 발견되지

않을 때까지 엘리스를 치료했다. 이 소년은 몇백 마리의 기생충에 감염돼

있었다. 스타일스는 나중에 이렇게 회상했다.

"내가 봤던 구충병 사례 중 가장 심각했다."

이 사진은 엘리스가 7주 동안 치료를 받고 난 이후의 모습이다.

8킬로그램이 늘었으며, 달릴 수도 있었다. 학교에 갈 수 있을 만큼 생기가 넘쳤다.

또래에 비하면 여전히 작았지만, 구충병에서 몸이 회복하기 시작했다.

남부의 많은 신문사에서 엘리스의 사연과 사진을 기사로 써서 구충 치료가

어떻게 인생을 바꿀 수 있는지 보여 주었다. 1912년 9월, 스타일스는 엘리스를

워싱턴에서 열린 미국 공중보건학회 회의에 데려가서 록펠러 위생위원회의

구충 박멸 운동이 성공했다는 것을 증명했다.

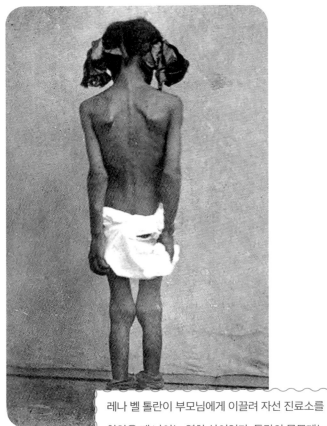

레나 벨 톨란이 부모님에게 이끌려 자선 진료소를
찾았을 때 나이는 열한 살이었다. 톨란의 몸무게는
겨우 15킬로그램이었다. 어깨뼈가 튀어나오고 몸은
수척했으며, 신체 성숙은 한참 뒤떨어졌다.
검사 결과 톨란은 구충에 감염되어 있었으며 티몰
치료를 성공적으로 마쳤다.

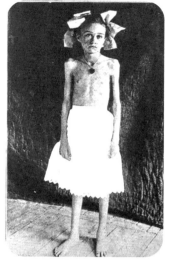

첫 번째 사진 속의 델라 카더는
겨우 일고여덟 살로 보인다. 하지만
그녀의 나이는 열여섯 살이었다.
수년간 의사들은 카더가
말라리아와 폐결핵에 걸린 줄 알고
치료를 했다. 하지만 카더가 아팠던
진짜 원인은 구충이었다.
두 번째 사진은 치료를 받고 난
후의 모습이다. 카더는 건강을
되찾았고 또래의 성장 수준을
따라잡았다.

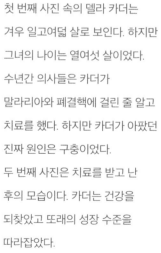

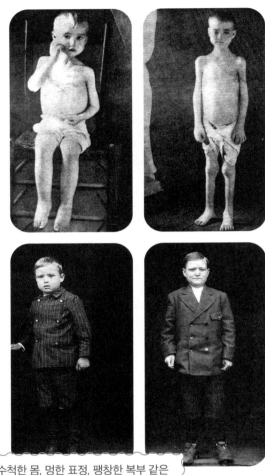

위 두 사진 속 형제들은 수척한 몸, 멍한 표정, 팽창한 복부 같은
심각한 구충병의 증상을 보이고 있다. 형제의 대변을 검사하자
구충에 심각하게 감염돼 있었다. 이 사진을 찍기 얼마 전,
그들의 다른 두 형제가 세상을 떠났다.
아래 두 사진은 치료를 받고 14개월이 지난 후
확연히 다른 모습이 된 형제들이다.

아칸소주에 사는 브라이언 셸은
열세 살이었으며, 허약하고, 또래에 비해
신체 발달이 더디고 극단적으로 말랐었다.
검사해 보니 셸은 구충에 감염돼 있었다.

셸은 티몰 치료를 매주, 총 아홉 번에
걸쳐 한 뒤, 몸 안의 기생충을 모두
제거할 수 있었다.

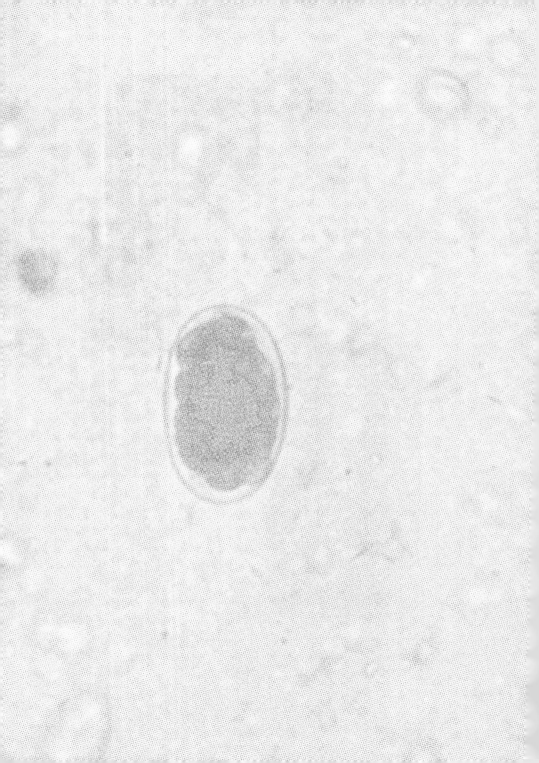

8장
문제의 핵심은 위생

> **"** 한 손에는 티몰을,
> 다른 한 손에는 건강 복음을. **"**

– W. S. 랭킨, 노스캐롤라이나주 보건국 장관

스타일스는 5년 안에 '미국의 살인자'를 뿌리 뽑을 수 있을지 확신하지 못했다. 록펠러 위생위원회는 수만 명의 감염자를 검사하고 치료에 나섰지만, 자선 진료소를 방문해 가족들과 이야기를 나눈 스타일스는 구충약을 처방받은 사람들 중 절반은 약을 한 번도 복용하지 않았을 거라는 확신이 들었다. 사람들은 왜 약을 거부한 걸까?

구충약인 티몰은 신중하게 쓰지 않으면 위험한 약품이었다. 그런 치명성은 부적절한 복용 때문에 벌어진 결과였다. 그

구충 교육

앨라배마주 자선 진료소에서 두 의사가 아이들에게 구충에 대해
가르치고 있다. 테이블에 앉아 있는 남성은 위생 조사관이다.
다른 남성은 진료소에 지원을 나온 지역 의사다.
어린아이들은 현미경으로 구충을 관찰하는 일을 좋아했다.

럼에도 사람들은 티몰을 먹고 죽은 사람들의 이야기에 겁을 먹
었다.

"홍보를 잘하고 있는 진료소들의 사기를 꺾으려는 건 아니
지만, 시간이 지날수록 진료소의 치료 효과를 의심하는 사람들
이 늘 거예요."

스타일스의 말처럼, 구충병의 원인이 되는 곳을 막지 않는
한 세상의 모든 티몰은 소용이 없었다. 그곳은 바로 변소였다.

기생충 감염을 막을 수 있는 가장 좋은 방법은 하수도와 이어진 실내 변소를 이용하는 것이었다. 하지만 20세기 초반에는 도시나 규모가 큰 마을에나 하수도가 있었다. 남부인 수백만 명, 즉 인구의 80퍼센트는 하수도가 없는 시골 지역에 살았다.

1910년에서 1914년까지 스타일스와 록펠러 위생위원회 현장 연구원들은 남부의 653개 지역에서 25만 가구를 대상으로 대규모 조사를 벌였다. 절반의 집에 변소가 없었으며, 그들은 그냥 빈터에서 볼일을 봤다. 45퍼센트 정도는 허술하게나마 변소가 있었는데, 볼일을 보는 곳 바로 아래 땅에 배설물이 그대로 쌓여서 동물, 파리, 흐르는 물에 그대로 노출돼 있었다. 1퍼센트도 안 되는 2,200가구만이 실내 변소를 갖추고 있었다.

스타일스는 사람들의 위생 습관을 바꾸려면 최소한 30년은 걸리지는 않을까 조바심이 났다. 그러는 한편, 그들을 교육하기 위해 최선을 다했다. 기회가 있을 때마다 스타일스는 토양 오염이 일반 시민들, 특히 아이들에게 커다란 위협이 된다는 이야기를 강조했다.

"방금 싼 인간의 배설물이 얼마나 위험한지 알아야 합니다. 배설물은 위험한 독성 물질로 다루어야 합니다."

만약 공공 하수도 시설이 없다면 변기를 정화조에 연결하

(To Be Tacked Inside of the Privy and NOT Torn Down.)

Sanitary Privies Are Cheaper Than Coffins

For Health's Sake let's keep this Privy CLEAN. Bad privies (and no privies at all) are our greatest cause of Disease. Clean people or families will help us keep this place clean. It should be kept as clean as the house because it spreads more diseases.

The User Must Keep It Clean Inside. Wash the Seat Occasionally

How to Keep a Safe Privy:

1. *Have the back perfectly screened against flies and animals.*
2. *Have a hinged door over the seat and keep it CLOSED when not in use.*
3. *Have a bucket beneath to catch the Excreta.*
4. *VENTILATE THE VAULT.*
5. *See that the privy is kept clean inside and out, or take the blame on yourself if some member of your family dies of Typhoid Fever.*

Some of the Diseases Spread by Filthy Privies:

Typhoid Fever, Bowel Troubles of Children, Dysenteries, Hookworms, Cholera, some Tuberculosis.
The Flies that You See in the Privy Will Soon Be in the Dining Room.

Walker County Board of Health

변소 전단지

지역 위생국에서 효과적이고 위생적인 변소를 지어
질병을 예방하자는 내용의 전단을 제작했다.

라고 조언했다. 정화조란 더러운 물을 가득 모아 두는 시멘트 용기다. 하지만 설치 비용이 비싸기 때문에 남부의 시골 지역 사람들 중에는 그 값을 지불할 수 있는 사람이 거의 없었다. 결국 바깥에 변소를 만드는 게 최선의 방법이었다.

스타일스는 공중보건 및 해양 의료청의 해양 병원에서 L.

L. 럼스덴, 노먼 로버츠와 함께 변소를 개발했다. 하수도 시설이 없는 지역에 쓸 안전하고 효과적이며 위생적인 변소였다. 그들은 그 시설을 자신들의 이름을 따서 'LRS 변소'라고 불렀다.

여기서 볼일을 보면 배설물과 소변이 물이 가득한 통 안에 쌓여서 썩는다. 통 안이 가득 차면 넘쳐서 더 작은 탱크로 흘러든다. 이 탱크가 가득 차면 비워야 한다.

공중보건 및 해양 의료청의 과학자들은 탱크에 모인 것을 끓여 박테리아와 구충의 알을 죽이는 방법을 추천했다. 그러면 이걸 정원이나 밭에 비료로 줄 수 있었다. 이보다 안전성이 떨어지는 처리 방법은 끓이는 대신 땅속에 깊이 묻는 것이었다. 강물 같은 마실 물과 섞이지 않도록 그보다 60센티미터 깊이는 되어야 했다.

LRS 변소는 악취를 줄였다. 물의 유막 덕분에 모기가 변소에서 알을 까는 걸 방지할 수 있었고, 변소의 구멍을 가려서 파리가 장내 박테리아를 묻히고 가족들의 식사 위에 내려앉는 일도 막을 수 있었다.

일부 지역 사회에서는 주민들에게 LRS 변소를 쓰도록 했다. 하지만 그런 변소를 짓는 건 대부분의 사람들에게 너무 비싸고 또 복잡한 일이었다.

이에 록펠러 위생위원회는 더 현실적인 접근법을 택했다. LRS 변소 대신 재래식 변소를 제안한 것이다. 몇 미터 정도 깊

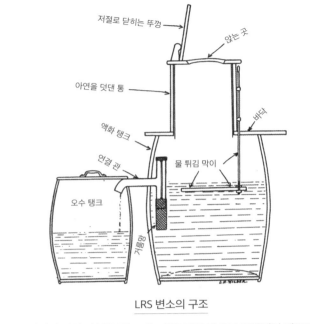

저절로 닫히는 뚜껑

앉는 곳

아연을 덧댄 통

바닥

액화 탱크

연결 관

물 튀김 막이

오수 탱크

기름막

E.H.WILSON

LRS 변소의 구조

이러한 정화 시설을 짓는 데는 비용이 많이 들고 복잡했기 때문에
가난한 남부 사람들에게는 실용성이 없었다.

이로 판 구덩이 위에 옥외 화장실을 설치하고, 강이나 우물과
거리를 두는 것이다. 이 구덩이에 배설물이 거의 다 차면, 새로
운 구덩이를 파고 옥외 화장실을 그 구덩이 위로 옮긴 뒤, 예전
구덩이는 흙으로 채우는 식이었다.

　　스타일스는 오직 LRS 변소만이 효과가 있다며, 질병을 완
전히 막을 수 있다면 비싸도 그 값어치가 있다고 주장했다. 그
러나 록펠러 위생위원회는 더 많은 사람이 위생적인 옥외 화장

LRS 변소를 설명하는 조사관들

수천 명의 사람들이 모인 자리에서 보타이를 메고 셔츠를 입은
보건 감독관이 LRS 변소를 소개하고 있다.
시멘트로 정화조를 어떻게 짓는지 설명하는 것이다.
스타일스는 배설물을 안전하게 처리하기 위해 LRS 변소를 추천했다.
하지만 대부분은 이 변소를 지을 돈이 없었다.

실을 쓸 수 있도록 타협하고자 했다.

"재래식 변소는 앞으로 몇 년간, 우리가 만들 수 있는 가장
수준 높은 위생 시설이 될 것입니다."

스타일스는 이 결정에 비판적이었다.

주 보건국의 지지와 자선 진료소 덕분에 결과적으로 수천

명의 사람들이 위생적인 재래식 변소를 새로 지었다. 하지만 이 시도는 그다지 성공적이지 못했다. 사람들이 옥외 화장실을 치우는 불쾌한 일을 싫어했기 때문이다. 또한 시골 지역의 사람들은 대체로 재래식 화장실조차 지을 수 없을 만큼 바쁘거나 가난했다. 소작농은 자신이 사는 곳에 토지나 집을 갖고 있지 못했고, 그렇다고 지주들이 옥외 화장실을 지을 돈을 내주는 것도 아니었다.

최고의 조력자, 선생님

록펠러 위생위원회는 구충병으로 가장 많이 고통받는 사람은 아이들이라는 사실을 알았다. 아이들에게 가닿기 위해 록펠러 위생위원회는 구충 박멸 운동을 학교로 확대했다. 사무총장인 로즈는 많은 남부 교육계 지도자들과 친분이 있었다. 로즈는 프로젝트에 협조해 달라고 지도자들을 설득했다.

문제는 많은 시골 지역 학교가 1년에 4개월, 즉 10월부터 2월까지만 학기 수업을 한다는 것이었다. 아이들은 수확기에 부모를 도와 일을 했다. 위생 조사관들은 학기 중에 선생님이 반 아이들에게 설문 조사를 해달라고 했다. 그렇게 하면 감염된 아이들을 발견할 수 있을 뿐만 아니라 지역 사회의 구충병 발병률을 추측할 수도 있었다. 남부의 학교는 인종에 따라 분리돼 있어서 조사관들은 백인과 흑인 학교를 모두 방문했다.

선생님들은 학습에 어려움을 겪고 출석률이 저조한 학생들을 이미 파악하고 있었다. 구충 치료가 이 문제를 해결할 수만 있다면 선생님들은 두 팔 걷고 나설 것이었다.

위생 조사관들은 학교에 빈 병을 보냈다. 학생들에게 이 병을 집에 가져간 뒤, 대변 표본을 병에 조금만 모아 다시 가져오라고 했다. 전교생이 같은 방식으로 검사를 받았다. 일부 학생들만 골라서 시키지 않았다.

학생들이 병을 가지고 오면, 선생님들은 그 표본을 주 보건연구소로 보냈다. 그러면 연구소에서는 구충의 알이 있나 확인을 했고, 그 결과를 가정 통신문을 통해 부모에게만 알렸다. 그래서 특정 아이나 그 가족이 낙인찍히지 않도록 했다. 위생 조사관들은 감염된 아이들을 무료로 치료해 주었다.

남부 주 열한 곳에서 여섯 살부터 열여덟 살에 이르는 54만 9,000여 명의 시골 지역 학생이 검사를 받았다. 거의 열 명 중 네 명꼴로 구충에 감염돼 있었다. 선생님들이 감염된 경우도 흔했다. 어떤 지역은 감염률이 월등히 높았다.

남부 전체에 걸친 실제 감염자 수는 훨씬 더 많을 것이었다. 모든 아이가 학교에 다니지는 않았기 때문이다. 그중에는 구충병으로 아프고 병들어 학교에 나오지 못하는 아이들도 있

모든 학생이 감염된 학교

학교는 구충 박멸 운동의 중요한 조력자가 되었다.

남부의 거의 모든 학교에서 구충병 학습을 교육 과정에 추가했다.

록펠러 위생위원회는 선생님들의 역할을 인정하며,

"현장 감독관이 찾은 가장 효과적인 협력자"라고 불렀다.

이 사진은 미시시피주에 있는 학교에서 찍었는데 학생 모두가 감염되었다.

사진을 찍을 때는 대부분 치료된 상태였다.

었다. 조사에는 이런 아이들이 빠져 있었다.

선생님들은 티몰 치료를 받은 아이들이 호전되는 것을 두 눈으로 보았다. 그중 한 명은 위생 조사관에게 학생들의 성취도가 눈에 띄게 바뀌었다는 내용의 편지를 보내기도 했다.

"이전에는 짜증을 잘 내고 둔했던 아이들이 이제 쾌활하며 공부도 열심히 합니다."

록펠러 위생위원회의 과학 자문관이었던 스타일스는 선생님, 학생, 부모를 위한 안내문을 만들었다. 보통은 남들 앞이나 남녀가 함께 있는 반에서 대놓고 말하기 부끄러워하는 주제인 '배설물'에 대해 스타일스는 전혀 거리낌이 없었다.

"우리의 목숨이 위태로운 상황입니다. 그러니 이 안내문에는 명확한 표현으로 사실을 전달해야만 합니다."

또한 성직자 아버지를 두었던 스타일스는 성경의 구절을 인용해 독실한 교인들의 마음을 움직였다. 성경 말씀을 통해 위생적인 변소를 사용하라는 조언은 남부 곳곳에 다시금 신문 기사로 실렸다.

록펠러 위생위원회를 시작한 첫해에 위생 조사관들은 학교에 구충 안내문을 50만 장 이상 배포했다. 선생님들은 이런한 자료를 이용해 구충과 위생에 관한 수업을 철저히 준비했다. 아이들은 대부분 흙에 닿은 피부가 빨개지는 경험을 해본 적이 있었다. 그러나 이 발진이 유충이 피부를 뚫고 들어와서 생긴 것이라는 사실을 처음 배웠다. 기생충이 어떻게 소장에 자리를 잡아 피를 빨아 먹는지를 알게 되었고, 위생적인 변소를 쓰고 신발을 신어서 감염을 방지하는 방법을 배웠다.

처음에 어떤 선생님들은 구충병에 대한 세세한 사실을 입

밖으로 꺼내기 힘들어했다. 스타일스는 선생님들에게 그 마음을 이겨 내야 한다고 설득했고, 대체로는 어려움을 극복했다.

"여러분은 누군가의 목숨을 살릴 겁니다. 물에 빠져 죽어가는 아이를 계곡에 뛰어들어 구하는 것과 마찬가지죠."

어떨 때는 위생 조사관과 지역의 의사가 직접 시골 학교에 찾아가 수업을 하기도 했다. 조사관 중 한 명은 자신만의 프로그램을 구성했는데, "이야기를 단순하고, 분명하며, 생생하게 만들어, 모든 아이가 오염된 땅을 걸을 때마다 맨발 밑으로 기어가는 벌레들을 느끼도록" 했다.

루이지애나주 바르나도의 학교 학생들은 85퍼센트가 감염된 상태였다. 선생님들은 나중에 위생 조사관에게 쓴 편지에서 아이들이 치료를 받고 난 이후 학업 성취도, 집중력, 생기가 얼마나 많이 좋아졌는지 이야기했다.

"지금 저희 학급에는 밝고, 볼이 발그레한 얼굴의 아이들 120명이 앉아 있습니다. 여러분이 이곳에 와서 아이들을 치료해 주지 않았다면, 많은 아이가 핏기 없는 얼굴로 아주 기운 없이 앉아 있었겠지요."

록펠러 위생위원회는 또한 학교를 시골 지역 사회의 중심으로 여겼다. 학교는 아이들을 위해 변소를 잘 짓고 깨끗하게 유지했다. 이 모습은 옥외 화장실이 없는 가족에게 훌륭한 모범이 되었다.

구충 수업을 한 선생님

이 선생님은 모든 학생과 부모가 구충 수업을 듣고 검사를
받도록 했다. 선생님도 같은 학교를 나왔기에 가족들은
선생님을 잘 이해하고 또 신뢰했다.

록펠러 위생위원회는 주와 지역 사회에서 학교 시설을 개
선해야 한다고 주장했다. 1912년 앨라배마주에 있는 학교 중
변소를 갖춘 곳은 한 군데도 없었고, 이로써 35만 명의 아이들
이 구충병의 위험에 처해 있었다. 그다음 해 앨라배마주에서는
위생적인 변소를 최소 두 개 이상 설치해야만 새로운 학교 건물
을 짓는 예산을 편성하겠다고 발표했다. 노스캐롤라이나주도
비슷한 규제를 내세웠다. 루이지애나주와 버지니아주 또한 모
든 공립학교에 변소 설치를 필수 요구 사항으로 내세웠다.

앞장서는 지역 사회

록펠러 위생위원회의 노력은 계속되었고, 현지 주민들도 구충 박멸 운동을 돕기 위해 자원했다.

여성 단체들에서 티몰 치료를 위해 돈을 모금하고, 지역 사회의 보건 수준을 높이기 위해 위생위원회를 조직했다. 여성 클럽총연맹은 아칸소주에서 구충 위원회를 조직해 위생에 대한 관심을 끌어올렸다. 학교 시설 감사를 촉구하고 변소를 개선하기도 했으며, 우수한 위생을 주제로 아이들과 대중을 위한 강연을 주최하기도 했다. 노스캐롤라이나주 웨이크카운티의 여성향상연합은 구충 약품을 유통하는 데 자금을 지원했다.

개인적으로 도움의 손길을 뻗는 사람들도 있었다. 미시시피주의 한 여성은 지역 자선 진료소의 위생 조사관에게 채변 용기를 한가득 받았다. 그러고는 주변 사람들에게 채변 용기를 나눠 주며 배변 표본을 담아 검사를 받으러 가도록 부추겼다. 그 덕분에 구충 감염을 진단받은 사람들은 약을 복용하고 몸무게를 회복했으며 기운을 차렸고, 다른 이웃들에게도 검사받을 것을 권했다. 결국 그 한 명의 여성 덕분에 100명의 사람들이 치료를 받을 수 있었다.

켄터키주 출신의 한 여성은 자선 진료소에서 검사를 받기 위해 가족들을 이끌고 수 킬로미터를 걸어왔다. 다음 날도 이웃

구충 박멸 운동에 참여한 지역 단체들

지역의 단체들은 가정 위생 교육에 앞장섰다.
주민들에게 구충 검사와 치료를 받도록 권했다.
사진 속 여성들은 노스캐롤라이나주 세일즈버리의
유색인종여성 시민연대 회원들이다.

에게 나눠 줄 채변 용기 한 상자를 받아 가기 위해 진료소를 다시 찾았다. 스스로 진료소를 찾기에는 너무 부끄러워하던 이웃도 있었기 때문이다. 최종적으로 그녀는 146개의 대변 표본을 진료소로 모아 왔다. 표본을 검사하고 난 후 처방된 약은 감염된 사람들에게 나눠 주었다. 그녀는 글을 읽을 줄 몰랐다. 그래서 남자아이 하나를 함께 데려와 이웃들 앞에서 복약 지도서를 읽으라고 하기도 했다.

그렇지만 스타일스가 옳았다. 그의 방식을 믿지 못하고 두려움을 느낀 사람들은 여전히 티몰 치료를 받아들이지 않았다.

한 어머니는 자식들이 수년째 아픈 이유가 심각한 구충 감염이라는 사실을 알았지만, 치료를 거부하기도 했다.

조지아주의 한 남성은 구충 박멸 운동에 동참하지 않는 사람을 비판하는 글을 신문에 기고했다.

"지금은 멧돼지나 소가 아닌 아이들에게 더 많은 관심을 기울일 때다. 너무 무지하고 무관심해 아이들에게 적절한 치료를 해주지 못하는 부모들이 있다. 이들을 억지로라도 협조하게 하는 것이 아직 태어나지 않은 세대를 위한 길이다."

이웃을 설득한 여성(좌)

입에 파이프를 물고 카메라 앞에 서 있는 이 여성은 진료를 꺼리는

이웃들을 설득해 진료소에서 검사를 받도록 했다.

아이들을 살린 선생님(우)

켄터키주에서 선생님으로 일하던 이 남자는 학생들의 대변 표본을 진료소로

가져왔다. 그를 포함한 모든 학생이 구충에 감염돼 있었다.

선생님들은 구충 박멸 운동의 매우 중요한 조력자로서,

가족을 교육하고 위생적인 변소를 짓도록 그들을 설득했다.

자원봉사에 나선 선생님

테네시주의 선생님이었던 메리 폴러드는 지역의

자선 진료소에서 문서를 보존하는 일을 자원해 도왔다.

모든 남부인이 검사와 치료를 받도록 설득하는 데는 실패했지만, 록펠러 위생위원회와 주 보건국은 희망적인 이야기를 많이 전해 들었다. 의사들이 행복한 결말을 맺은 사연들을 편지로 알려 주었기 때문이다.

어느 의사는 원래는 밝고 활기차던 미시시피주에 사는 소년 제임스의 이야기를 들려주었다. 제임스는 학교에 가려고 잠깐 걷는 것도 힘들어했고, 학업 수준은 뒤처졌으며, 친구들과 놀 수도 없었다. 의사가 제임스를 살펴볼 때쯤에는 이식증을 보였고, 심각한 빈혈을 겪고 있었다. 제임스의 배설물에는 구충의 알이 득실거렸다. 두세 번의 티몰 치료 끝에 제임스는 다시 기운과 활력을 되찾을 수 있었다.

노스캐롤라이나주의 한 의사는 편지에 이렇게 썼다.

"1년 전만 해도 건강을 잃고 미래에 대한 희망마저 놓아 버렸던 아이들이 다시 밝고 건강해진 모습을 많이 보셨으면 좋겠습니다. 여러분이 지금까지 이룬 위대한 성취는 말로 설명할 수 없습니다."

환자들 역시 감사의 편지를 보냈다. 1912년 12월, 조 맥팔런드는 켄터키주의 록펠러 위생위원회 감독관에게 편지를 써서 자기는 늘 허약하고 창백했다고 설명했다. 그는 다섯 달 전에 마을에 있던 진료소를 찾아갔고, 거기서 구충 감염이 심각하다는 검사 결과를 들었다. 아주 심각한 사례였기 때문에 현장 의사들은 맥팔런드를 공중보건 및 해양 의료청 해양 병원으로 보냈는데, 그곳에는 스타일스가 배치돼 있었다.

맥팔런드는 해양 병원에서 25일에 걸친 치료를 받으며 2,464마리의 구충을 제거했다고 전했다. 치료 후 그의 체중은 18킬로그램이나 늘었다.

"이제 광산에서 석탄도 캐고, 어엿한 성인 남성처럼 일할 수 있습니다. 그리고 피곤함을 느끼지 않습니다. 어찌나 감사한지 모릅니다."

정부 지도자들도 구충 박멸 운동을 추켜세웠다. 1913년 미국의 상원 의원이었던 미시시피주 출신의 제임스 바르다만은 주 보건 감독관에게 이렇게 편지를 썼다.

"미시시피주에 구충이 널리 퍼져 있다는 이야기를 몇 년 전에 들었다면 믿지 않았을 겁니다. 그 질병으로 무수한 피해를 입었으니 구충 박멸 운동 관련자들은 전부 온 국민의 감사를 받아야 마땅합니다."

기생충에 감염된 환자를 검사하고 치료할 수 있는 남부 의사가 5분의 1도 안 되던 때였지만, 구충 박멸 운동은 놀라운 진척을 이루었다. 그러나 로즈는 록펠러 위생위원회가 더 많은 의사를 구충 박멸 운동에 동참시키지 못했다는 사실에 실망했다.

그는 1914년 록펠러 위생위원회에 낸 비공개 보고서에 이렇게 썼다.

"질병과 싸우기 위해 엄연히 해야 하는 일들이 있는데도, 모든 의료 전문 인력이 이를 하고 있진 않다."

스타일스는 많은 의사가 "진단과 치료가 너무도 쉬운" 구충병을 계속해서 무시하고 있다는 로즈의 생각에 공감했다. 1914년 11월, 버지니아주 의료 회의에서 스타일스는 이렇게 발표했다.

"오늘날 보통의 남부 의사들은 이 구충병에 관심이 없습니다. 진단을 내리지도 않고, 진단을 내렸더라도 환자를 치료하지 않습니다."

회의에 참석했던 다른 의사들은 스타일스의 견해에 맹렬히 반대하고 비난하면서, 스타일스가 진짜 의사가 아니라는 점을 지적했다. 12년이 지났지만 스타일스는 여전히 구충에 대해 논의할 때 요령 있게 말하는 법을 터득하지 못한 것이다.

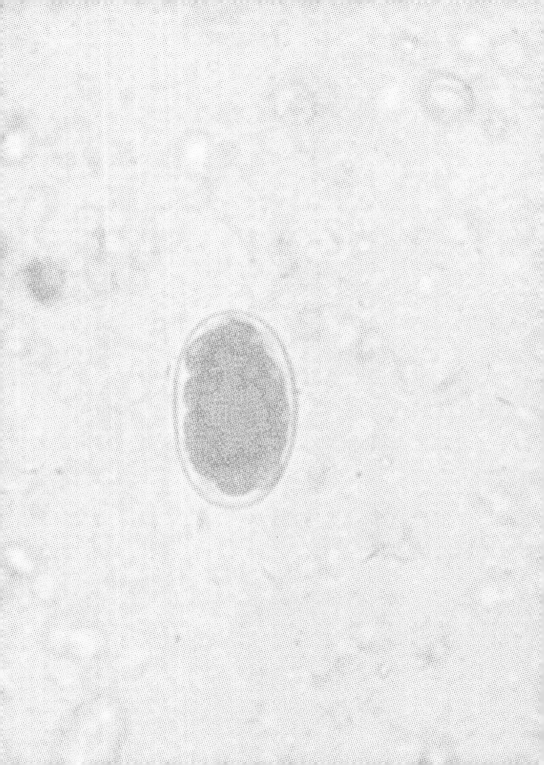

9장
저주의 끝

> " 이론적으로 구충병은 예방이
> 가장 쉬운 질병 중 하나지만,
> 실질적으로는 다루기가 가장 어렵다. "
>
> – J. B. 엘리엇, 내과 의사

록펠러 위생위원회의 구충 박멸 운동을 극찬하는 보도들을 읽은 게이츠는 더 큰 일을 계획하기 시작했다. 전 세계 인구의 절반이 적도 주변에 살았고, 그중 수억 명이 구충에 감염돼 있었다. 이제 미국을 벗어나서 전 세계를 상대로 기생충과의 싸움을 계속할 때였다.

1913년, 게이츠는 자선 활동을 위한 록펠러 재단 설립을 준비했고, 록펠러 주니어를 재단장으로 내세웠다. 재단의 일부 조직은 록펠러 위생위원회를 따라서 구충과 싸우는 데 헌신했다. 이 조직의 이름은 국제보건위원회^{IHC}로 각국 정부를 지원해 공중보건 프로그램을 개발하기 위해 설립되었다.

가장 먼저, 영국 정부가 대영 제국의 식민지와 영토에 구충 박멸 운동을 도입하기 위해 록펠러 재단과 국제보건위원회를 초대했다. 지금은 록펠러 재단이 전 세계적으로 활동하고 있으므로 록펠러 위생위원회가 미국 남부에만 머물렀을 때보다 수백만 명도 넘는 사람을 돕고 있다.

록펠러 위생위원회 해체

한편 록펠러 위생위원회는 미국에서의 활동을 계속해 나갔다. 원래 예정된 자금 제공 기한은 딱 5년째인 1914년 12월 31일까지였다. 1914년 여름, 게이츠는 록펠러 위생위원회가 목표를 달성했다고 생각했다.

록펠러에게 보내는 편지에서 게이츠는 이렇게 썼다.

"구충병은 널리 알려졌고, 통제되고 있으며, 제한되었을 뿐만 아니라 남부에서 가장 가벼운 전염병 중 하나로 전락했습니다."

그해 8월 록펠러는 위생위원회 구성원들에게 조직의 해체를 알리며 노고에 감사하다는 내용의 편지를 썼다. 남부 사람들에게 구충병의 위험성과 그 문제를 해결하는 방법을 알리는 성취를 이뤘다는 점도 언급했다.

"우리 위원회는 주요 목표를 이룬 셈입니다."

이는 록펠러 위생위원회 이사들 대부분을 포함해 프로젝트와 연관돼 있던 모두에게 유쾌하지 않은 뜻밖의 소식이었다. 모두 5년이라는 기한을 알고는 있었지만, 1914년 12월 이후까지 연장되리라 예상했기 때문이다. 남부에는 해결해야 할 과제가 아직도 많이 남아 있었다. 하지만 게이츠와 록펠러는 원래 예정했던 활동 기간을 따라야 한다는 결정을 내렸다.

로즈는 몇몇 주에서 프로젝트를 마무리할 수 있도록 위생위원회에 몇 달의 여유 기한을 달라고 게이츠를 설득했다. 게이츠는 앞으로의 활동은 록펠러 재단의 국제보건위원회를 통해 이루어 나가자고 하면서, 로즈를 그곳의 수장으로 앉혔다. 국제보건위원회는 위생 조사관으로 일하던 록펠러 위생위원회의 의사들을 아주 소수만 채용했다.

게이츠와 로즈는 스타일스를 국제보건위원회에 불러들이지 않았다. 스타일스는 골칫덩어리였기 때문이다. 스타일스는 록펠러 위생위원회가 권하는 재래식 변소보다 자신의 LRS 설계법이 더 우수하다고 말하고 다녔다. 자선 진료소의 성공률 역시 과장된 것이라 말했고, 게이츠가 록펠러 위생위원회를 해체한 것을 대놓고 비판했다.

세계 공중보건을 위해

1913년, 록펠러 가문은 공중보건에 헌신하는 부서가 포함된 록펠러 재단을 설립했다. 국제보건위원회는 록펠러 위생위원회의 임무를 이어받아 미국과 세계 각지에서 구충과 싸웠다. 단체명은 1916년에 국제보건원[IHB]으로 바뀌었다가 1927년에 국제보건과[IHD]로 다시 바뀌었다.

1914년 록펠러 위생위원회가 막을 내리고 국제보건위원회는 남부에서 구충 교육 및 치료, 예방 활동을 계속했지만 이때는 주 정부가 참여하는 비중이 더 컸다. 1920년대 말까지 구충 박멸 운동은 서서히 활동을 줄여 나갔고, 많은 지역에서 정규직 직원을 고용해 주에서 직접 위생국을 운영했다. 이는 록펠러와 게이츠가 원래 의도한 목표이기도 했다.

1951년에 해체되기까지 전 세계 공중보건을 위한 이들의 노력은 40년도 넘게 계속되었다. 구충뿐만 아니라 폐결핵, 말라리아, 황열병 문제에도 집중했다.

1920년, 국제보건원 의사들이 기생충에 감염된 브라질의 아홉 살짜리 소년을 치료했다. 사진 속 소년은 자신의 소장에서 제거한 기생충 일부를 전시한 판을 들고 서 있다.

구충 박멸 운동의 성과

1914년 말, 록펠러 위생위원회는 지난 5년간의 활동을 공식적으로 되새겼다. 록펠러 위생위원회는 11개 주의 지역에서 운영하는 600여 개의 자선 진료소 운영을 지원했다. 지역 의사, 연구소와 협력하면서 130만 명에 달하는 주민들에게 현미경 검사를 진행했다. 전체 3분의 1에 달하는 주민이 구충에 감염되어 티몰 치료를 받았다. 검사를 받은 아이들의 무려 40퍼센트가 기생충에 감염돼 있었다. 어떤 주에서는 감염률이 그보다 높았다.

구충 박멸 운동이 시작되기 전에 스타일스는 남부 사람 200만 명이 감염돼 있을 거라고 추측했다. 하지만 5년 후 감염자의 수는 300만 명이라는 결론을 내렸다. 록펠러 위생위원회가 그 모든 사람을 진단하고 치료하기는 역부족이었다. 수십만 명의 사람에게 약품을 배급했지만, 록펠러 위생위원회에 있던 그 누구도 그중 몇 명이나 티몰을 먹었을지 확신하지 못했다.

록펠러 위생위원회는 2,000만 명에 달하는 남부 사람들에게 구충병을 알렸다. 지역 의사와 보건국 공직자는 기생충 감염이 심각한 문제라는 걸 깨닫고 위생 개선, 검사, 치료를 통해 구충의 위험을 줄이는 데에 도움을 주었다.

남부의 공중보건 기관을 강화함으로써 록펠러 위생위원

기생충 전문가 찰스 스타일스

1930년에 공중보건국을 은퇴할 때까지 스타일스는 위생연구소의
동물학 부서장으로 일했으며 기생충이 전문 분야였다.
그는 1941년 1월, 73세의 나이에 심장 질환으로 세상을 떠났다.

구충약을 전달하는 간호사

록펠러 위생위원회의 구충 박멸 운동은 특히

시골 지역의 공중보건 프로그램 발전의 원동력이 되었다.

경제 대공황 중에도 연방 정부는

보건 활동에 추가적인 예산을 편성했다.

사진 속의 방문 간호사는 1939년 앨라배마주의

한 시골 지역에 살던 가족에게 구충약을 전달하고 있다.

회는 그들이 구충뿐만 아니라 폐결핵, 장티푸스, 말라리아, 펠라그라 같은 전염병에도 대항할 수 있도록 했다.

구충 박멸 운동의 추종자들은 스타일스와 록펠러 위생위원회가 남부를 구원했다고 생각했다. 이들은 과거 남부 사람들에 대한 편견이 부당하고 부정확하다는 사실을 증명했다. 1914년 봄, 시카고의 한 신문 칼럼은 이렇게 평했다.

"나태하고 게으르다고 불리던 남부 사람이 실은 구충에 감염돼 있었다. 과거에 이들은 활기나 힘이 북부 사람들에 못 미쳤지만, 이제는 남부의 성장이 기대된다."

함께 극복한 의학 재난

그 후 10년이 넘는 시간 동안, 국제보건위원회는 남부의 주 정부들과 협력해 구충 감염에 맞서는 노력을 계속했다. 1927년, 록펠러 재단은 이렇게 발표했다.

"미국에서 구충병은 거의 다 사라졌다."

이 소식은 언론에 널리 퍼졌다. 스타일스는 이에 반대하는 목소리를 냈다.

스타일스는 1930년 공중보건국에서 은퇴하고 난 이후 멕시코만과 대서양을 거쳐 수천 킬로미터를 이동했다. 그는 구충 감염의 피해 사례를 찾고 있었다.

스타일스는 유명한 과학 잡지에 여행을 하며 알게 된 결과를 실었다. 예전에 했던 여행과 비교해 봤을 때, 구충 감염 증상은 가벼웠고, 흙을 먹는 사람들도 거의 발견하지 못했다는 사실을 인정했다. 하지만 많은 사람이 생각하는 것처럼 구충병이 사라진 것은 절대 아니라고 못 박았다.

스타일스는 1929년 남부 아홉 개 주의 연구소에서 했던 12만 1,000명을 대상으로 한 현미경 검사의 결과를 살펴보았다. 약 28퍼센트의 환자들이 감염돼 있었다. 그가 1만 8,000명의 취학 아동을 대상으로 한 조사에서는, 겉모습만 보고 진단을 했을 때 최소한 4분의 1에 해당하는 아이들이 구충병 증상을 보이고 있었다.

그는 록펠러 위생위원회에서 구충병이 사라졌다는 그릇된 주장을 펼쳐 왔기 때문에 부모와 학교가 감염 사례를 간과하고 있는 것이라고 확신했다. 스타일스는 록펠러 주니어와 록펠러 재단에 편지를 써서 그 주장을 철회해 달라고 요청했다. 답장은 없었다.

1931년, 스타일스는 록펠러 위생위원회가 구충을 완전히 몰아내는 데는 실패했지만, "1901년 이후 남부의 공중보건 수준은 분명 경이로울 만큼 개선되었다"라고 인정했다.

1940년, 남부 주 여섯 곳에서의 구충 감염률을 비교한 결과 진전이 보였다. 주민들의 평균 감염률이 1910~1914년에 37퍼센트에서 1930~1938년에 11퍼센트로 줄어들었다. 또한 1930년에 발생한 감염 사례들은 무증상의 가벼운 감염이었다. 감염은 대부분 5세에서 19세의 아이들 사이에서 일어났다.

결국 '미국의 살인자'가 완전히 사라지지는 않았지만, 이 기생충이 예전처럼 치명적인 위협이 되지는 않았다. 수백만 명의 남부인이 구충병의 짐을 내려놓을 수 있었고, 몇 세대에 걸쳐 남부에 저주를 내렸던 의학 재난에도 끝이 보였다.

위험한 변소

록펠러 위생위원회의 시골 학교 위생 실태 조사 덕분에

주 정부는 변소 설치와 관련해 더 엄격한 규칙을 세울 수 있었다.

그러나 진전은 더뎠다.

1921년에 찍은 이 사진에서 변소는 아래가

뻥 뚫린 채로 언덕 위에 지어졌으며, 서로 너무 가까이 붙어 있었다.

이러면 짐승이 사람들의 배설물에 접근해 발에 묻히고

그 변을 이곳저곳에 퍼뜨릴 수 있었다.

언덕을 따라 흘러내리는 빗물은 배설물을 주변의 집들로 쓸어 간다.

신발을 신지 않은 아이들

학교에서 아이들이 수업을 받고 있다. 몇 명은 신발은
신지 않아서 변소를 갈 때 구충에 감염될 위험이 있었다.

비위생적인 변소

학교 근처에서 찍은 이 사진은 원시적이고
비위생적인 변소의 모습을 보여 준다.

맨발의 사람들

남부의 농부들은 구충이 피부를 뚫고 들어간다는 경고를 대수롭지
않게 여겼다. 1930년대에 찍힌 이 사진들에서 볼 수 있듯이
맨발로 다니는 관습은 쉽게 사라지지 않았다.
아이들에게 신발을 사줄 돈이 부족한 가정도 있었다.
또 그냥 맨발로 돌아다니는 걸 편하게 여기는 사람들도 있었다.

기생충에 감염된 어린이

구충 박멸 운동이 시작된 지 몇 년이 지나고도

구충은 남부에서 완전히 자취를 감추지 않았다.

1939년 텍사스주에서 찍은 사진 속 이 어린이들은

기생충에 감염돼 있었고, 신발도 신지 않았다.

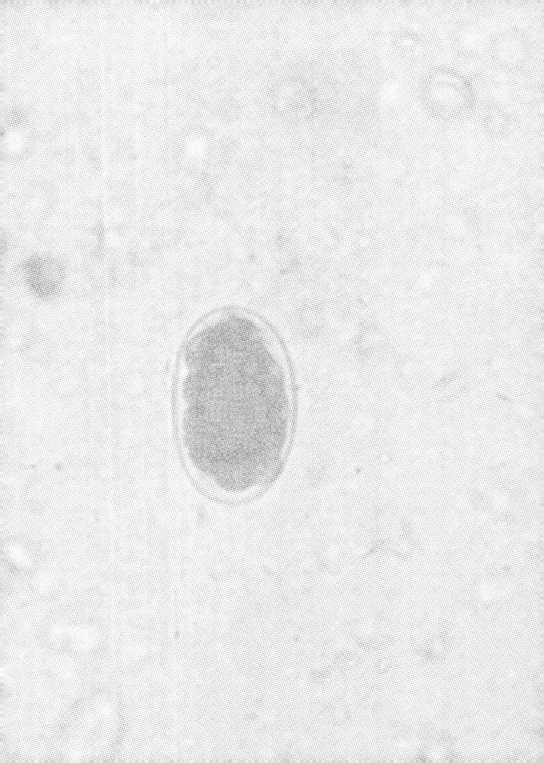

10장
끝나지 않은 악몽

> " 토양이 인간의 배설물로
> 오염되지 않는다면,
> 구충 감염도 없을 것이다. "

– 위클리프 로즈, 록펠러 위생위원회 사무총장

    1945년 제2차 세계대전이 끝날 무렵, 공중보건국 사람들은 이제 남부 지역 구충병이 끝나기를 바랐다.

    남동부 주들은 이전보다 근대화되었다. 소규모 농가에 사는 남부 사람은 거의 없었다. 남부의 경제가 개선되면서 사람들은 더 높은 임금의 일자리를 찾았다. 그리고 영양소가 비교적 풍부한 음식을 먹으며 건강한 식단을 유지했다. 구충에 감염된다고 해도 영양분을 잘 섭취한 신체는 기생충에 의한 혈액 손실에 더 잘 버텼다.

또한 여러 도시에서 상하수도를 설치했다. 먹는 물을 깨끗하게 관리하고 배설물을 안전하게 처리하기 위해서였다. 시골 지역에서는 위생국이 하수 처리를 감독했다. 1930년대에는 연방 정부가 남부에 변소 수십만 개를 설치할 수 있는 자금을 지원했다. 이러한 위생 실태 변화는 기생충과 질병 확산을 크게 줄였다.

여전히 도사리고 있는 위협

1950~1960년대 사이에 텍사스주·사우스캐롤라이나주·조지아주·켄터키주의 실험실에서 시행한 검사를 통해 몇십 년 전보다 구충 감염률이 떨어졌다는 사실이 드러났다. 하지만 '미국의 살인자'는 아직 자취를 감추지 않았다.

1950년대에 이루어진 한 연구에서 앨라배마주의 외진 지역 몇 곳에서는 구충 감염률이 60퍼센트에 달한다는 사실이 밝혀졌다. 1970년대 초의 조사에서는 조지아주의 시골 해안 지역에 사는 아이들의 12퍼센트가 감염돼 있었다. 비슷한 시기에 켄터키주의 시골 지역 초등학생들의 감염률은 15퍼센트였다. 1987년 노스캐롤라이나주에 사는 중앙아메리카 이주민 농부들은 절반이 구충에 감염된 것으로 나타났다.

여전히 허술한 변소

록펠러 위생위원회의 노력에도 불구하고,

미국 가정의 위생 상태는 수십 년간 계속 문제로 남았다.

위 사진은 1940년대 초, 메릴랜드주의 허술한 변소 아래에

인간의 배설물이 쌓여 있는 모습이다.

공중보건국은 최근에 대규모 구충 조사를 시행한 적이 없었다. 하지만 남부인들, 그중 특히 시골 지역의 빈곤층에게서 아메리카구충에 감염되었다는 신호가 나타났다. 다행히 건강을 해칠 정도로 심각하게 감염된 사례는 거의 없었다.

2017년 앨라배마주의 한 지역 연구에 따르면, 검사를 받

은 사람의 약 3분의 1이 아메리카구충에 약하게 감염돼 있었다. 이들은 실내 화장실이 있더라도 배설물을 잘못 처리하는 집에서 살고 있었다.

올바른 위생 상태를 유지하려면, 시골의 가정은 변기 물을 내릴 때마다 오수를 처리할 수 있는 자체적인 정화 시설을 갖추고 있어야 한다. 오수는 변기에서부터 관을 타고 흘러 땅속 지하 수조까지 내려간다. 묵직한 고체 물질은 수조의 아래로 가라앉아 부패한다. 수조 속의 물은 천천히 배수되어 그 물을 거르고 정화하도록 토양 안에 특수하게 고안된 시설로 스며들어서 지하수로 조금씩 흘러든다.

정화 시설이 효과적으로 작동하려면, 수조 안에 떠다니는 고체 물질들을 주기적으로 퍼 올려서 배설물 처리 시설에서 안전하게 없애야 한다. 정화 시설이 작동하지 않으면, 배설물들이 지표면에서 거품을 내며 흐르거나 다시 집으로 역류할 것이다.

해변 모래밭은 위험해

오늘날 미국의 남동부를 포함해 열대 지방이나 아열대 지방의 해변을 찾는 사람들은, 원치 않는 손님을 집으로 데리고 돌아갈 수도 있다.

맨살로 해변을 거닐다가 동물의 배설물에 접촉하게 되면 개를 감염시키는 구충이 인간의 몸에 침투할 수 있다는 것이다. 더욱이 개들이 마음껏 뛰어노는 따뜻하고 모래가 많은 해변 지형은 구충의 알과 유충이 생존하기에 최적의 장소다.

고양이 역시 인간의 피부를 뚫고 들어갈 수 있는 구충을 전파시킨다. 모래사장에서 뛰노는 아이들은 그 모래밭에 고양이나 개의 배설물이 섞여 있다면 구충에 감염될 수도 있다.

동물 구충은 아메리카구충이나 두비니구충이 인간 몸에서 그러는 것처럼 성장해서 숙주의 소장을 감염시킨다. 하지만 개나 고양이 구충의 유충은 인간의 신체에 적응하지 못해 피부에서 더 깊은 곳으로 이동할

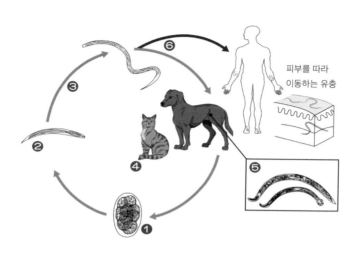

피부를 따라
이동하는 유충

❶ 동물 숙주의 배설물 속 알들
❷ 유충이 부화해서 성장함
❸ 감염력이 있는 유충으로 진화함
❹ 동물 숙주
❺ 소장 속의 성충
❻ 피부 침투

수 없다. 그 대신 몇 주에 걸쳐 피부층을 뚫으면서 움직여 피부에는 유충이 이동한 경로를 따라 참을 수 없을 정도로 가려운 발진이 생긴다.

이 발진을 포복성 발진이라 하며, 유충이 지나간 모양으로 불룩하게 솟은 구불구불한 붉은 선이 나타난

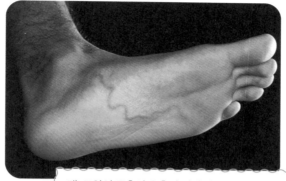

개, 고양이 구충의 유충이 인간의 몸 안에 침투하면,
피부층에 머물면서 포복성 발진을 일으킨다.
열대 지방이나 아열대 지방의 해변에서 감염되는 일을
피하려면 신발을 신고 매트 위에 앉아서 모래에 직접 피부가
닿지 않게 해야 한다.

다. 의사들은 가려움을 줄이고 유충을 죽이기 위해서
약을 처방한다.

집 안에 정화 시설을 설치하려면 돈이 많이 들고, 정기적인 수리비 역시 부담이 될 수 있다. 주 정부에서 하수관이 연결돼 있지 않은 가정은 정화 시설을 갖추도록 홍보하고 있지만 필수는 아니다. 그래서 정화 처리를 거치지 않은 인간의 배설물이 관을 타고 흘러가서 곧바로 잔디나 숲, 밭에 버려지는 경우는 지금도 매우 흔하다.

최근 앨라배마주의 연구를 보면 부적절한 위생 상태로 인한 결과가 어떠할지 짐작할 수 있다. 미국에서는 전체 5분의 1에 달하는 가정이 시내의 하수도 시설과 연결돼 있지 않다. 배설물 처리가 미흡하고 마침 기온이 따뜻하고 습하며, 땅에 모래가 많다면, 구충의 알과 유충이 빠르게 늘어날 것이다. 그렇게 오염된 물이 스민 흙 위를 걷거나 뛰어놀면 구충에 감염될 우려가 있다. 인간의 배설물이 계곡이나 강물에 흘러든다면, 그 물을 마시고 장내 질환이 퍼져 지역 사람들 전체를 위협할 수도 있다.

기생충은 여전히 세계 여러 지역에서 인간의 건강을 크게 위협하고 있다. 전문가들은 구충이 남극 대륙을 제외한 모든 대륙에 있다고 말한다. 그리고 5억에서 10억 명의 사람들을 감염시키고 있다고 추정한다.

아열대 지방과 열대 지방은 구충이 생존하기에 최적의 환경이다. 가장 많은 감염이 일어나는 곳은 아프리카의 사하라 이남 지역, 동남아시아, 중국 그리고 남아메리카다. 구충은 위생 상태가 좋지 못한 곳, 즉 가난한 시골 지역과 도시 빈민가에서 잘 퍼진다. 습도가 높고 모래 토양이 많아 유충이 살기에 완벽한 해안 지역 쪽 사람들의 감염률이 더 높다.

전 세계적으로 아메리카구충이 인간 구충 중에서 가장 흔하다. 두비니구충은 더 위험한데, 유충이 빨아들이는 피의 양이 더 많기 때문이다. 두비니구충은 인간 구충 감염 중 15퍼센트 미만의 비율을 차지한다.

사람들을 위협하는 기생충은 구충만이 아니다. 구충은 배설물로 오염된 토양을 통해 사람에서 사람으로 전파되는 장내 기생충 삼형제 중에 하나일 뿐이다. 토양매개성 연충이라고 알려진 이 기생충군에는 회충(아스카리스 룸브리코이데스*Ascaris lumbricoides*)과 편충(트리쿠리스 트리키우라*Trichuris trichiura*)이 있다.

아프리카 케냐의 아이들
맨발로 노는 것은 구충 감염의 위험을 높인다.

　보건 전문가들은 전 세계에서 최소 15억 명의 사람들이 이러한 기생충을 하나 이상 몸속에 품고 있다고 추정한다. 약 8억에서 12억 명에 달하는 사람들이 회충에 감염되어 있고, 6억에서 10억 명에 이르는 사람들이 편충에 감염되어 있다. 미국에서도 흔하지 않지만 회충과 편충에 감염된 사람들이 있다. 주로 남부 지역에서 감염 사례가 나타난다.

　어린 유충이 피부를 뚫고 들어가는 구충과는 다르게, 회충과 편충은 현미경으로만 보이는 알을 삼켰을 때 감염된다. 감염된 사람은 인간 배설물을 비료로 쓴 밭에서 자란 과일과 채소를 헹구거나, 껍질을 벗기거나, 요리하지 않고 먹었을 확률이 크

배설물로 만든 비료

어떤 나라에서는 농부가 사람의 배설물을 밭에 비료로 주기도 한다.

농부들이 그 밭을 맨발로 걸으면, 구충의 유충이 피부를 뚫고 들어와

감염될 위험이 생긴다. 밭에서 자란 농작물에 두비니구충이 있을 수도 있다.

이 농작물을 씻거나 요리하지 않고 삼키면 구충에 감염된다.

첫 번째 사진은 인도, 두 번째 사진은 캄보디아인데 이 두 나라에서는

오늘날까지도 구충 감염 사례가 발생한다.

다. 아니면 오염된 땅을 만지고, 그 손을 씻지 않고 입안에 넣거나 식사를 했을 수도 있다.

인간이 삼킨 회충의 알은 소장에서 부화한다. 부화한 유충은 소장 벽을 뚫고 들어가 혈액을 타고 이동한다. 그리고 구충의 유충처럼 나중에는 폐로 흘러들었다가 기관지로 올라간다. 하지만 밖으로 나가는 게 아니라 다시 소장으로 돌아가고 거기서 성충이 되어 번식한다.

성충은 30센티미터도 넘게 자라고 굵기는 보통 연필 두께만 한데, 암컷이 수컷보다 더 크다. 회충은 피를 빨아 먹지 않는다. 대신 인간 숙주가 소화한 음식을 먹는다. 암컷은 하루에 20만 개의 알을 낳고, 그 알은 대변의 형태로 숙주의 몸에서 빠져나간다.

회충을 몇 마리만 가지고 있는 사람들은 증상이 전혀 없다. 하지만 심각하게 감염되면 기침, 숨 가쁨, 복통, 구토, 설사 증상이 나타날 수 있다. 기생충이 너무 많아지면 장의 일부를 막기도 한다. 아이들이 회충에 감염되면 식욕이 떨어지고 영양소 흡수율을 떨어뜨려 영양실조를 일으킨다. 아이의 성장과 발달을 방해하는 것이다.

한편 인간이 삼킨 편충의 알도 소장에서 부화한다. 부화한 유충은 성장하면서 대장으로 넘어가 일생을 보낸다. 성충은 3~5센티미터 정도이고 수컷보다 암컷이 더 크다. 편충은 머리

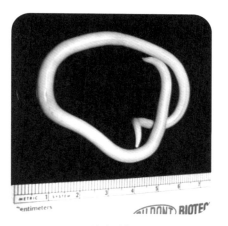

암컷 회충

암컷은 수컷보다 크며 30센티미터 이상까지 자랄 수 있다.

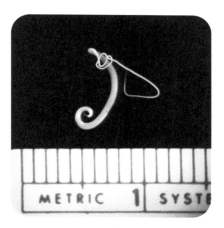

편충

다 자란 편충은 3~5센티미터 크기다. 편충(채찍 편, 벌레 충)이라는 이름은
그 모습 때문에 지어졌는데, 앞머리 끝이 가느다란 실처럼 생긴 반면에
뒤쪽 끝은 두꺼운 게 마치 채찍 손잡이처럼 생겼다.

회충

미국 질병통제예방센터의 기술자가 케냐의 어린아이
소장에서 나온 회충을 손에 한가득 들고 있다.
어떤 사람은 수백 마리에 감염돼 있기도 했다.

를 장벽에 붙인 채 영양분을 앗아간다. 구충과는 다르게 피를
빨아 먹지는 않는다. 암컷 편충은 하루에 3,000~1만 개의 알을
낳고, 그 알은 대변에 섞여 숙주의 몸에서 빠져나간다.

　　보통 가벼운 편충 감염은 증상이 전혀 없지만 심하면 복
통, 설사, 쇠약, 빈혈, 체중 감소가 나타난다. 몸속에 편충이
200마리 이상 있는 아이들은 이질과 빈혈을 겪게 되어 정상적
인 성장이 불가능하다.

이런 기생충에 감염되는 것만으로 죽는 사람은 거의 없다. 하지만 아주 심각하게 감염된다면, 치명적인 다른 질병에 견디는 힘이 약해질 것이다. 임신한 여성들은 유산이나 죽음의 위험이 더 커진다.

많은 사람이 기생충 감염 때문에 피곤하고 아파서 일을 하지 못하면 나라는 경제적으로 어려움을 겪는다. 아이들이 신체적으로나 지적으로 성장하지 못한다면 나라의 발전은 위기에 처한다.

록펠러 위생위원회는 미국 남부인들을 더 건강하게 만드는 데 도움을 주어 그들의 삶을 개선하는 것을 목표로 삼았다. 한 세기도 넘게 지난 지금, 국제 보건 프로젝트들은 비슷한 사명을 갖고 있다.

기생충이 흔한 나라에서는 이러한 단체들이 정기적으로 구충을 치료한다. 록펠러 위생위원회가 사용한 티몰은 이제 새롭고, 안전하며, 효과적인 약으로 대체되었다. 똑같이 먹는 약으로 구충·회충·편충을 죽인다. 치료는 보통 어린이를 대상으로 집중적으로 이루어진다. 아이들 수억 명의 기생충을 없애는 과정을 통해 회충과 편충 감염은 많이 줄어들었다. 이 두 기생충은 성인보다 아이들을 더 자주 감염시킨다.

구충을 통제하는 치료는 아쉬운 결과를 보여 왔다. 올바른 위생 교육과 신발 신기를 강조해 왔지만 세계적인 구충 감염률은 보건 종사자들이 원하는 것만큼 감소하진 않았다. 약물은 지속적인 보호막이 되어 줄 수 없다. 사람들이 다시 감염되고, 또 다시 감염되는 건 열악한 위생과 인간의 배설물을 곡식 비료로 쓰는 관행 때문이다.

어떤 연구자들은 구충제에 내성이 생길 것이라고 걱정한다. 또 다른 연구자들은 배설물로 비료를 준 밭에서 농사를 짓는 것 때문에 성인이 구충에 더 자주 노출된다고 생각한다. 과학자들은 기생충을 통제하려면 아이들뿐만 아니라 지역 사회 전체를 치료해야 한다고 제안한다.

많은 보건 전문가가 백신이야말로 구충의 횡포에서 가장 효과적으로 보호받을 수 있는 장치라고 생각한다. 최근의 백신 개발은 가장 흔한 종인 아메리카구충을 겨냥한다. 백신이 인간 신체에 침투하는 대부분의 구충과 싸우도록 우리 몸을 도와준다면, 사람들은 가벼운 감염만 겪을 것이다. 건강에 영향을 끼치는 심각한 빈혈과 단백질 부족에 시달릴 확률은 적어진다.

오늘날 전 세계 인구 중 24억 명은 인간의 배설물이 주변 환경을 오염시키지 않도록 막아 주는 위생 처리 방법을 이용하지 않거나, 그런 방법을 알지 못한다. 재래식 화장실과 정화조를 애초에 잘못 지은 경우도 흔해서 배설물이 외부로 새어 나가

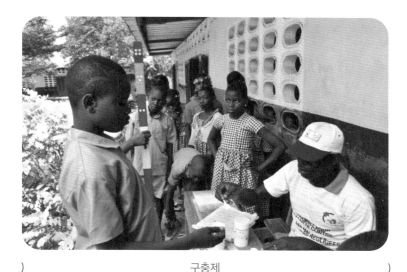

구충제

아프리카에 있는 나라 코트디부아르에서 지역의 봉사자가
아이들에게 구충제를 나눠 주고 있다.

기도 한다. 또한 수억 명의 사람들이 맨땅, 강, 호수 같은 곳에
대소변을 본다. 그러면 마시는 물에 오물이 흘러가서 기생충은
물론이고 장티푸스, 이질, 콜레라 같은 목숨을 위협하는 박테리
아성 질병에 노출된다.

　　국제기구들은 하수 처리 시설, 전기, 물이 부족한 곳에 저
렴하고도 효과적인 화장실을 지을 수 있을 방법을 연구하고 있
다. 수십 년간의 노력으로 환경이 나아진 곳들도 있지만, 아직
도 해결해야 할 과제가 남아 있다.

　　구충은 수백 년간 진화해 강력한 인간 기생충이 되었다.

기생충 검사

탄자니아의 한 기술자가 현미경으로 대변 표본을 살펴보며
기생충에 감염되었는지 확인하고 있다.

우리는 그 기생충이 신체에 어떻게 들어오고 또 어떻게 번식하
는지를 파악해 맞서 왔다. 기생충을 없애는 약품과 확산을 막을
방법을 꾸준히 개발했다. 이러한 돌파구를 통해 수백만 명이 건
강을 되찾았다.

하지만 기생충의 위협이 사라졌다고 생각한 후에도 기생
충은 다시 돌아왔다. 구충병에서 우리가 스스로를 지키려는 싸
움은 계속되고 있다.

그리고 세계 곳곳에서 기생충이 승리를 거두는 중이다.

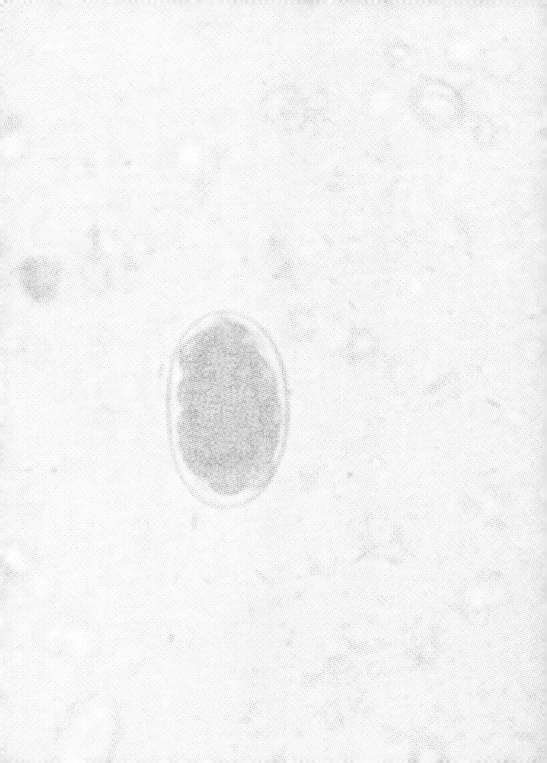

시간으로 보는 기생충과의 전쟁

이탈리아의 안젤로 두비니 박사가 인간 구충인 두비니구충을 발견하다.

1838

▶

독일의 의사 빌헬름 그리징어가 심각한 빈혈증을 앓는 사람들의 원인이 구충 때문이라는 가설을 세우다.

1854

찰스 스타일스가 미국 농무부 산하의 축산국에서 일하기 시작하다.

1891

◀

스위스 고트하르트 철도 터널의 노동자들이 구충에 집단 감염되다.

1880

미국-스페인 전쟁이 일어나다. 독일의 과학자 아르투어 로오스가 인간이 어떻게 구충에 감염되는지 밝혀내다.

1898

▶

미국의 군의관 베일리 애슈퍼드가 푸에르토리코에 널리 퍼진 구충병을 알아내다.

1899

스타일스가 두 번째
인간 구충인
아메리카구충의
존재를 세상에
알리다.
1902

▶

스타일스가 미국
남부를 여행하며
구충병에 대한
인식을 높이다.
1902~1908

존 D. 록펠러가
남부의 구충병을
뿌리 뽑기 위해
100만 달러를
기부하고, 록펠러
위생위원회라는
프로젝트를 시작하다.
1909

◀

스타일스가
농촌 계몽 운동가인
월터 페이지에게
구충병에 대해
이야기하다.
1908

미국 남부에서
펼쳐지던
록펠러 위생위원회의
구충 박멸 운동이
끝나다.
1914

▶

국제보건위원회가
구충 박멸 운동을
이어받다.
1915

용어 설명

구충 · · · · · · · · · 소장에 사는 흡혈 기생충.

구충병 · · · · · · · 구충 감염으로 발생하는 질환. 증상으로는 빈혈증, 쇠약,
복통이 있다.

기생동물 · · · · · · 다른 유기체에 달라붙어 살거나, 그 안에 함께 살면서
이득을 얻고, 대체로 그 숙주에 해를 끼치는 동물.

동물학 · · · · · · · 동물에 관한 학문.

두비니구충 · · · · · 구세계 구충이라고 불리기도 하는 인간 구충의 종류.

말라리아 · · · · · · · 모기가 옮기는 기생 병원균에 의해 발생하는 전염병.
증상으로는 발열과 오한이 있다. 모기가 알을 낳는
축축한 지역에서 발생한다.

모세 혈관 · · · · · · 가장 미세한 동맥과 정맥을 연결하는 아주 작은 혈관.

백신 · · · · · · · · · 질병에 대한 면역 체계를 형성하도록 신체를 자극하는
특별한 예방법으로, 죽거나 쇠약해진 미생물을
이용한다.

부검 · · · · · · · · · 사망 원인을 밝히기 위해 죽은 신체를 외과적으로
검사하는 일.

빈혈증 ······· 신체 조직에 산소를 공급하는 적혈구가 부족한 의학적
상태. 증상으로는 피로, 쇠약, 창백한 피부가 있다.

설사 ········· 물기가 많은 배변을 자주 보게 되는 장 질환.

아메리카구충 ··· 인간 구충의 일종으로 '신세계 구충'이라고 불리기도
한다.

위황병 ······· 철분이 결핍되어 나타나는 빈혈증의 과거 명칭.

유충 ········· 알에서 부화한 구충.

유행병 ······· 동시에 많은 사람에게 퍼지는 질병.

융모 ········· 소장 벽 안에 나란히 배열된 조그만 손가락과 같은
구조물. 소화한 음식에서 영양소를 흡수한다.

이식증 ······· 모래, 진흙, 분필처럼 음식이 아닌 물질들을 계속해서
갈구하게 됨. 철분 결핍의 신호일 수 있다.

이질 ········· 복통, 구토, 심각한 혈변을 자주 보는 증상이 나타나는
장 질병.

장티푸스 · · · · · · · 체내 노폐물로 오염된 음식과 물을 통해 퍼지는
박테리아성 전염병. 증상으로는 고열, 두통, 붉은 피부
반점, 장내 출혈이 있다.

전염병 · · · · · · · 박테리아, 바이러스, 기생충 등이 다른 생물체에 옮아
집단적으로 유행하는 병. 공중 위생의 측면에서 예방이
중요하다.

천연두 · · · · · · · · 전염성이 있으며, 보통은 치명적인 수준의 바이러스성
질병. 증상으로는 고열과 피부 종기가 있다.

촌충 · · · · · · · · · 장에 사는 기생충.

콜레라 · · · · · · · 박테리아에 의해 발생하는 장내 감염. 그 증상으로는
물설사와 구토가 있다.

토양매개성 연충 · 배설물로 오염된 토양을 통해 퍼지는 장내 기생충.

토양진 · · · · · · · 구충의 유충이 피부를 뚫은 곳에서 발생하는 가렵고
빨간 발진.

티몰 · · · · · · · · · 소장에 있는 구충을 죽이기 위해 먹는 약.

펠라그라 · · · · · · · 비타민군인 니아신이 부족한 식단 때문에 발생하는
질병. 증상으로는 피부 발진, 설사, 정신 이상이 있으며,
죽음에 이르기도 한다.

편충 · · · · · · · · · 인간에게서 발견되는 회충.

폐결핵 · · · · · · · 박테리아에 의해 발생하는 심각한 폐 질환. 증상으로는
기침, 발열, 가슴 통증, 체중 감소가 있다.

폐렴 · · · · · · · · · 침, 가슴 통증, 밭은 호흡, 발열 같은 증상을 동반하는 폐
감염.

폐포 · · · · · · · · · 폐에 존재하며 혈류에 산소를 공급하고 이산화탄소를
배출하는 작은 공기주머니.

포복성 발진 · · · · 개나 고양이 구충의 유충이 사람의 피부에 침투할 경우
가렵고 빨개지면서 구불구불한 모양으로 일어나는 발진.

필라리아형 · · · · · 구충의 유충이 인간 신체에 침투하는 단계에서의 형태.

해부 · · · · · · · · · 내부 장기를 살피기 위해 시체를 절개해서 여는 일.

황열병 · · · · · · · 모기가 옮기는 바이러스성 질병. 증상으로는 발열, 구토,
몸살이 있다.

사진 출처

11, 51, 108, 132, 134, 141, 146, 147, 148, 149, 150, 151, 152(아래), 153, 156, 161, 164, 169, 171, 172: 록펠러 위생위원회

17, 48: 미국 농무부 국립 농업 도서관

20: 아르투어 로오스

24: 구충위원회, 미국 앨라배마주 보건국

27, 202, 209: 플리커

31, 34, 158, 181: 미국 국립의학도서관

36: 베일리 K. 애슈퍼드 & 페드로 구티에레스 이가라비데스

40, 56, 81, 93, 106, 183, 188, 189, 190, 191, 195: 미국 의회도서관, 인쇄 및 사진과

44, 64, 66, 67, 71, 72, 198, 206, 210: 미국 질병통제예방센터

53, 58: 히람 버드

78: S. H. 맥린

79: 조지 A. 독 & 찰스 C. 배스

84: 찰스 스타일스

101: H.F. 해리스

111: 월드스 워크

121, 122, 183: 위키피디아

124, 125: 〈퍽〉

143: 록펠러 기록 보관소

144: 노스캐롤라이나 디지털 컬렉션

152(위): 앨라배마주 몽고메리

154: L.L 럼스덴

199: 웰컴 컬렉션

203: 픽사베이

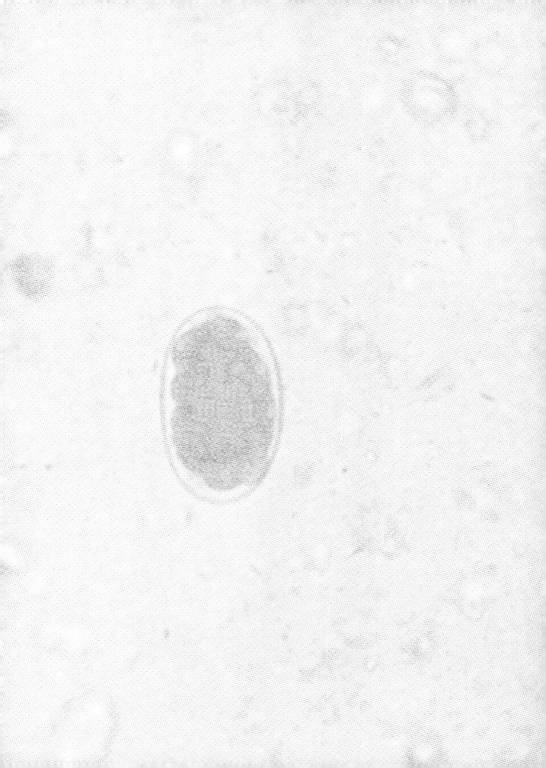

다른 인스타그램

뉴스레터 구독

기생충 탐정이 된 과학자들

초판 1쇄   2025년 5월 19일

지은이   게일 재로
옮긴이   조윤진

펴낸이   김한청
기획편집   원경은 차언조 양선화 양희우 유자영
마케팅   정원식 이진범
디자인   이성아 황보유진
운영   설채린

펴낸곳 도서출판 다른
출판등록 2004년 9월 2일 제2013-000194호
주소 서울시 마포구 동교로 27길 3-10 희경빌딩 4층
전화 02-3143-6478 **팩스** 02-3143-6479 **이메일** khc15968@hanmail.net
블로그 blog.naver.com/darun_pub **인스타그램** @darunpublishers

ISBN 979-11-5633-689-1 43400

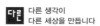

다른 생각이
다른 세상을 만듭니다